DIGITAL COLORS

AND THEIR APPLICATION TO ENVIRONMENTAL DESIGN

田少煦　著

数字色彩与环境设计应用

中国建筑工业出版社

图书在版编目(CIP)数据

数字色彩与环境设计应用／田少煦著．－北京：中国建筑工业出版社，2003
ISBN 7-112-05958-5

Ⅰ.数... Ⅱ.田... Ⅲ.环境设计：计算机辅助设计－色彩学 Ⅳ.TU201.1

责任编辑：张 建
版式设计：傅金红
责任校对：邵明军

数字色彩与环境设计应用
田少煦 著
*
中国建筑工业出版社出版、发行(北京西郊百万庄)
新华书店经销
北京广厦京港图文有限公司设计制作
精美彩色印刷有限公司印刷
*
开本：889×1194毫米 1/16 印张：8 字数：320千字
2004年4月第一版 2004年4月第一次印刷
印数：1-3,000册 定价：74.00元
ISBN 7-112-05958-5
TU·5235 (11597)

(邮政编码 100037)
本社网址：http://www.china-abp.com.cn
网上书店：http://www.china-building.com.cn

■□ 作者简介

田少煦，男，湖南人，1995年毕业于四川美术学院艺术设计系，获文学硕士学位（设计艺术学）。深圳大学艺术与设计学院副教授。数字色彩及色彩规划研究专家。近几年在《美术观察》、《装饰》和《Monthly Design》等国内、外权威期刊上发表论文近20篇，其中部分论文被CSSCI 收录，以及被人民大学复印资料全文转载。主持省级、校级数字媒介与设计科研项目6项。

中国数码艺术与设计专业委员会筹副秘书长，深圳市工艺美术师（设计师）职称评审委员，清华大学美术学院学报、权威期刊《装饰》杂志特约撰稿人。

■□前 言

说到艺术色彩，大凡必言孟塞尔，奥斯特瓦德，想到地球仪一般的色立体。20世纪80年代后，随着“色彩构成”的引进，日本PCCS色彩体系也开始进入我国的艺术色彩空间。色彩的联想、色彩的情感等心理分析给艺术色彩增添了不少新内容。这种现象贯穿整个20世纪并持续至今，在艺术界、建筑界变成了一种约定成俗。

而在艺术之外的光学、计算机等其他自然科学领域，情况却不尽相同。为了适应20世纪大工业生产的批量化和标准化要求，1931年，国际照明委员会（简称CIE）在剑桥举行的CIE第八次会议上，统一了“标准色度观察者光谱三刺激值”，确立了CIE 1931－XYZ系统，又称为“XYZ国际坐标制”，并产生了标准的CIE色度图，从而奠定了现代色度学的基础。这个CIE标准经后来的计算机图形学（Computer Graphics）采用，派生出我们今天看到的计算机上千百万种变幻莫测的彩色。

也许受早期工业社会线性思维的影响，20世纪的艺术和科学是泾渭分明的，艺术家大多是“科盲”，科学家对艺术也知之甚少。我国涉及色彩学的专著，一般开始都溯源牛顿的“光的色散”，然后是列举光的波长与振幅等，接下来就分析奥斯特瓦德、孟塞尔色彩体系和色立体等，极少涉及CIE 色彩体系，以至于我国视觉艺术和建筑专业培养出来的学生对CIE 色彩几乎一无所知。这种代代相传的片面的色彩教育随着20世纪末计算机在艺术领域的广泛应用得到了报应：大部分色彩教师不知道何为“混色系统”和“显色系统”，更有甚者分不清光色的“三原色”与颜料的“三原色”，以及它们之间的内在联系。在对待“色彩三要素”的问题上更是不知所措——同样是往一个颜色里加入白色，在计算机里为什么不能增加这个颜色的明度、反而降低了它的饱和度（纯度）？同样是往一个颜色里加入黑色，在计算机里为什么不能降低这个颜色的纯度（饱和度）？面对诸如此类的学生提问，我们的色彩教师无言对答。突然间我们发现，目前社会上已经成为应用设计主流的"数字色彩"，在我国的艺术教学课堂上竟然没有一席之地！

为了弥补这一历史原因造成的遗憾，我们撰写了这部《数字色彩与环境设计应用》，希望对受过传统艺术色彩（我称之为"经典色彩"）教育和准备学习建筑与环境设计色彩的人有所帮助。"数字色彩"在世界范围内的研究才刚刚起步，它还有许多需要完善的地方。就像你早期使用的photoshop、3DS studio一样，如果没有它作你蹒跚学步的伙伴，今天也不可能让你在数字艺术的王国里自由挥洒！

田少煦　于深圳大学文山湖畔

2003年6月

■□目 录

第一章

数字色彩的基本原理

我们正处在一个前所未有的变革时代，现代信息技术给艺术设计领域带来的冲击将不可估量。它从承载介质、造型手段、传播方式、直至设计方法、设计思维等多方面给传统的造型艺术注入新的内涵。作为造型艺术重要因素的"色彩"，不可避免地被卷入数字化的潮流。

数字色彩是色彩学的一种新的表现形式，它依赖数字化设备而存在，同时又跟传统的光学色彩、艺用色彩有着内在的、必然的联系。

1.1 色彩的形成

1.1.1 自然界色彩的产生

光是自然界的一种物理现象。对于地球来说，最大的光源就是太阳。太阳给地球带来生命，同时也赋予世界万紫千红的色彩。我们习惯上认为太阳光是白色的，但实际上，它包含了彩虹的全部色彩 —— 红、橙、黄、绿、青、蓝、紫，这就是光谱的颜色，是人类肉眼可感知的可见光颜色。我们可以让阳光或灯泡发出的白光透过三棱镜，把它折射到白色的屏幕上，就可以看见它们的存在（图1.1.1–1）。

光谱颜色是一条从红色到紫色柔和过渡的彩色光带，并不是七种硬邦邦的颜色，我们平时所说的七色光，只是一种高度的感性概括。实际上，可见光谱的每一部分都有它自己惟一的值相对应，我们可以从理论上把它们分成几百万甚至几千万种颜色。从一种颜色转换到邻近的另一种颜色，靠肉眼是很难区分的，人的眼睛最多只能区分282 000多种颜色（图1.1.1– 2）。

我们把所能见到的颜色，由它们的光学性质分为两大类别，一是"发射光"，二是"反射光"。

"发射光"就是光源发出的光，如阳光、灯光、计算机显示器、数码相机显示屏等，它是数字色彩得以存在的前提条件。严格意义上的数字色彩的颜色，都是发射光形成的颜色。"反射光"是从物体表面反射出去的光，我们能用肉眼看到的一切非发光体的颜色，都属于反射光，如山川、天空、建筑、园林、花草、服装、家具………等等。

"发射光"可以是全色光（白光），也可以是任何几种光的组合或仅仅是一种单色的光。发射光由光源直射人们的眼睛时，便可以看见带色光源发出的颜色。不同的色光有不同的波长，在可见光范围内，红色的波长最长，蓝紫色的波长最

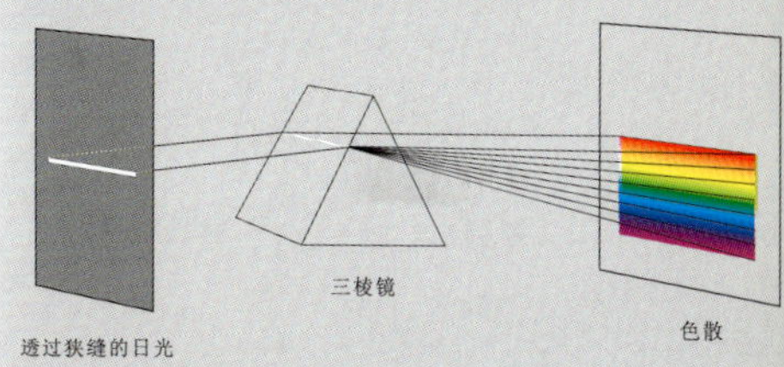

1.1.1–1 光的色散
1.1.1–2 从红色到紫色柔和过渡的彩色光带

1.1.1–1
1.1.1–2

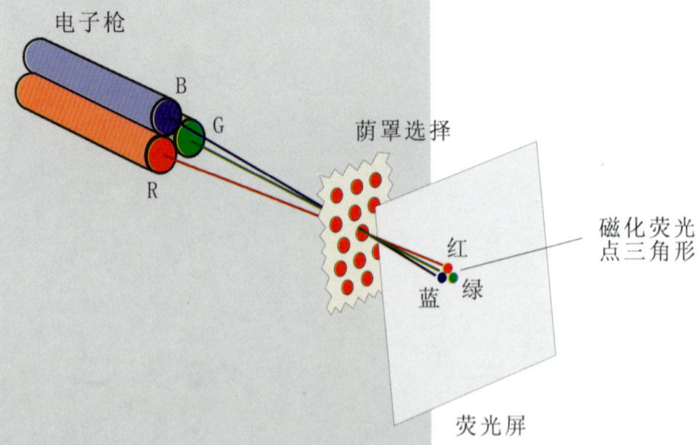

1.1.2–1　多枪型（荫罩式）彩色 CRT 颜色显示工作原理 三支电子枪与屏幕上三角形彩色点模式对齐，由荫罩直接导向每个点三角

1.1.1–3　在白光照射下，白色物体发生了全反射，呈白色

1.1.1–4　在白光照射下，黑色物体无反射光，所以呈黑色

1.1.1–5　在白光照射下，红纸只反射红光，而呈红色

1.1.1–6　在蓝光照射下，红纸无反射光，而呈黑色

CRT监视器利用能发射不同颜色光的荧光层的组合来显示彩色图形，它产生、显示色彩的基本技术称"荫罩法"。（图1.1.2–1）示出了 delta – delta 荫罩法的工作原理，通常用于彩色 CRT 系统。

显示颜色的核心部件是三支电子枪，改变三支电子束的强度等级，可改变荫罩CRT的显示彩色。每个像素位置的电子束强度由红、绿、蓝三支电子枪射出的三支电子束的强度组合而成，结果产生一个彩色的小亮点。如果关掉红枪和绿枪，蓝色点被激发，只能得到来自蓝荧光层的颜色，我们只能见到蓝色；换一种方式表达，如果我们只能看到绿色，一定是关掉了红枪和蓝枪后荧光层显示的结果。如果我们看到黄色，是因为绿枪和红枪同等量开放，激发了黄色点；而当蓝点和绿点被同等激励时，荧光层显现青色。白色（或灰色）区域是红、绿、蓝三支电子枪以同等的强度激励所有三点的结果。

图形系统的彩色CRT设计成RGB 监视器。光栅图形系统的帧缓冲器中每个像素点对应24位，每支电子枪允许256级电压设置，因而每个像素有近160多万种彩色选择。每个像素具有24个存储位的RGB彩色，系统通常称为全彩色系统或真彩色系统 [2]。

1.2　数字图形与色彩

短。白光是一种全色光，它含有全光谱的波长，而人的眼睛具有欺骗性，可以把多波长的光混合成一种颜色。

从物体表面反射出去的"反射光"，其颜色可以由物体表面材质的不同而发生改变。因为光源照射在物体上的光，有一部分被物体吸收，有一部分被物体反射，只有那些被反射出来的光才能被人眼所接受，这就是人眼能感知不发光物体颜色的缘故。

我们见到的白色物体是因为此材料发生了全反射（即所有的颜色都被反射），如白纸、白墙等，（如图1.1.1–3）。但实际上，各种白色物体"白"的程度是不一样的，因为它们或多或少吸收了少量光谱。同理，我们见到的黑色物体是材料对光线发生了全吸收（即所有的颜色都不反射）的结果，（如图1.1.1–4）。同是一张红纸，如果它在白光的照射下，只会反射红光而呈红色，（如图1.1.1–5）；如果它在蓝光的照射下，红纸就不会发生光反射，而呈黑色。如图（1.1.1–6）。[1]

"发射光"形成的颜色和"反射光"形成的颜色是自然界客观存在的现象，也是我们研究数字色彩的参照基础。

1.1.2　数字色彩的生成

数字色彩在计算机里的形成是一个复杂的问题，艺术设计师或建筑设计师没有必要了解其深奥的原理与过程。我们只要知道数字色彩的生成与彩色显示器紧密关联，它集中体现在彩色显示器的色彩生成上。我们常用的彩色显示器（监视器），是CRT彩色显示器（监视器）。

1.2.1　数字图形及其色彩的角色

由于数字图形构成的特殊性，计算机显示的形象跟传统的绘画、制图的形象存在一定的差异。在传统手工绘画、制图的过程中，图的造型和色彩一般是分步绘制和相对存在的。往往是先画好以形体为主的造型（如铅笔草图或素描），再绘制色彩。特别是中国画和手工绘制的环境艺术设计、工业造型设计、平面设计、服装设计、动画设计等艺术设计中，图的外形（或外轮廓）和色彩是完全不同的两种概念和两种表达方式。尤其是建筑设计，经常撇开设计中的色彩因素，只用黑白明暗或单一的黑色线框来表达设计意念。

虽然我们在数字图形的绘制过程中，差不多是使用鼠标或数位绘图板（数字化仪）按照传统绘画和制图的方式进行的，但这种绘制生成的图形经过计算机的同步处理，转换成相对显示屏幕上每一个细小的光栅点阵（一般在800 × 600～1280 × 1024像素之间）所能呈现的色彩信号，并还原在显示屏上。

我们从显示屏上看到的所有照片、图形、符号，一切可见的点、线条、色块和空白，都是计算机以红、绿、蓝（R、G、B）三种基色显示的结果。在所有的数字图形中，色彩无处不在，不存在没有颜色的图形，从显示的角色来说，图形和色彩是合二为一的；色彩等同于图形，图形本身就是色彩，二者不可分离。显示屏上不存在没有颜色的"空白"地带。

1.2.2 点阵图与色彩

我们所见到的数字图形，根据它们在计算机里生成的结构和不同方式，可分为“点阵图”和“矢量图”两大类。要弄清“点阵图”的秘密必须首先了解构成点阵图的最小单位——像素。

(1)像素

像素是构成点阵图的基本单位。一个点阵图是由许多大小相同的像素沿水平方向和垂直方向按统一的矩阵整齐排列而成的。就像我们用不同颜色的地砖一块块在房间里铺设地板图案一样。

像素的英文名称是Pixel，它是一个复合词，由Picture和Element复合而成。(如图1.2.2-1[1])。

如果我们把一张点阵图分别放大200%、400%、600%、800%，可以越来越明显地看到构成这张点阵图的像素（小方格）。(图1.2.2-1[2]~图1.2.2-1[5])。

(2)点阵图

点阵图是由一定数目的像素组合而成的，像素是构成点阵图的最小单位，点阵图的大小以及精致与否，取决于组成这幅图的像素数目的多少。由于像素的分布是沿水平和垂直两个方向矩阵式排列的，任何一个点阵图总是有一定数目的水平像素和垂直像素。我们通常用“水平像素数×垂直像素数”表示一幅点阵图的大小。如一幅像素是（800×600）Pixel的点阵图，它的像素数是480 000 Pixel。我们鉴别一个点阵图的精致与否，应该看它有多少像素，而不是看它有多大的长宽尺寸（点阵图的长宽尺寸与显示分辨率有关，这将在后面的章节中详述），只有像素才是决定一个点阵图精致与粗糙的决定因素。在相同的图形文件格式和相同的位深度的情况下，一个点阵图包含的像素越多，它的图形文件就越大，所要占据的存储器空间也越大。

影响点阵图大小的还有两个因素：“位深度”和储存图形的“文件格式”。

“位深度”是计算机用来记录每个像素颜色丰富与单调的一种量度。位深度的数值越大，点阵图的颜色就越丰富，图形所需占用的空间也越大。储存点阵图的“文件格式”不同，直接影响到文件的大小，在其他条件相同的情况下，采用TIFF格式储存点阵图，比采用EPS格式储存时的文件要小，但比采用JPEG格式储存时的文件要大。

点阵图也称“位图”、“光栅图”。它的最大优点是能够较“真实”地再现人眼观察到的世界，效果类似于照片，它比用矢量图画出来的图形要“逼真”得多。因此，点阵图多借助扫描仪、数码照相机等输入设备来获取素材。

点阵图的主要缺点是当点阵图尺寸较大或用高分辨率扫描图片时，需要消耗大量的存储器空间和较好的硬件设备来处理和存储它们。这就要求经常编辑较大数字图形和高分辨率图片的设计师们，必须准备充裕的存储器和配置较高的计算机硬件。

(3)位深度(色彩深度)

计算机之所以能够表示图形，是采用了一种称作“位”(bit)的记数单位来记录所表示图形的数据。当这些数据按照一定的编排方式被记录在计算机中，就构成了一个数字图形的计算机文

1.2.2–1[1]	像素（原图）
1.2.2–1[2]	像素（200%）
1.2.2–1[3]	像素（400%）
1.2.2–1[4]	像素（600%）
1.2.2–1[5]	像素（800%）

1.1.2–1 | 1.2.2–1[2] 1.2.2–1[4]

1.1.1–3 1.1.1–4 1.1.1–5 1.1.1–6 | 1.2.2–1[1] 1.2.2–1[3]

1.2.2–1[5]

件。这有点像郑板桥画竹前意想中的“胸有成竹”。因此在数字图形未显示之前，它是储存在计算机中一组不可见的电子信号，用来描述它的记数单位“位”(bit)，也是一种看不见的量，它不具有视觉上的长宽和大小。

“位”(bit)是计算机存储器里的最小单元，它用来记录每一个像素颜色的值。一幅点阵图由许多像素组成，而这些像素（小点）对应储存器中的“位”，而就是这些“位”的数值的大小决定了图形的属性，如每个像素的颜色、灰度、明暗对比度等。当一个像素所占的位数越大，它所能表现的颜色就越多，从整幅图形上看，色彩就更丰富、艳丽。图形的色彩越丰富，“位”的数值就会越大。每一个像素在计算机中所使用的这种位数就是“位深度”(bit depth)，也称色彩深度。在记录数字图形的颜色时，计算机实际上是用每个像素需要的位深度来表示的。

黑白二色的图形是数字图形中最简单的一种，它只有黑、白两种颜色，也就是说它的每个像素只有1位颜色，位深度是1，用

2的一次幂来表示；同理，若是一个4位颜色的图，它的位深度是4，用2的4次幂表示，它有2^4种颜色，即16种颜色（或16种灰度等级）。当数字图形的颜色增多时，计算机就要用更多的信息“位”来记录所需的颜色（或灰度等级）的数目。它是以2为底的幂来进行计算的。一幅8位颜色的图，位深度就是8，用2的8次幂（即2^8）表示，它含有256种颜色（或256种灰度等级）。(图1.2.2–2)

24位颜色可称之为真彩色，位深度是24，它能组合成2的24次幂（即2^{24}）种颜色，即：16 777 216种颜色（或称千万种颜色），超过了人眼能够分辨的颜色数量。当我们用24位来记录每个像素的颜色时，实际上是以$2^{8\times3}$，即红、绿、蓝（RGB）三基色各以2的8次幂、256种颜色而存在的，三色组合就形成16 000 000种颜色（如图1.2.2–3）。32位颜色的位深度是32，实际上是$2^{8\times4}$，即青、洋红、黄、黑(CMYK)四种颜色各以2的8次幂、256种颜色而存在，四色的组合就形成4 294 967 296种颜色，或称为超千万种颜色。由于CMYK颜色也是按RGB三种颜色在显示器上显示的，我们在示意图中仅变化立方体的角度来表示它们之间的区别。(图1.2.2–3，图1.2.2–4)

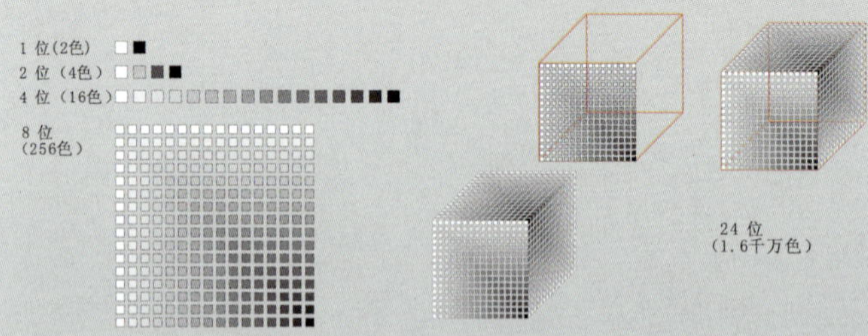

色彩位深度对照表

二进制	位长（位深度）	颜色数量
2^8	8	256 色
2^{16}	16	65 536 色
2^{24}	24	16 777 216 色
2^{32}	32	4 294 967 296 色
2^{64}	64	18 446 744 073 709 551 616色

事实上，目前的计算机或其他显示设备只能显示RGB色彩，即$2^{8\times3}$的真彩色；即使是CMYK颜色，也是按RGB三种颜色显示的。每个颜色通道数值大于8的色彩位深度就是“不真实”的，也不能完全表现出来。如photoshop 5的samples中有一幅“temple (16 bit)”的图片，它的每个颜色通道是16 bit，也就是$2^{16\times3}$，色彩位深度是48。photoshop 5.0~7.0的很多工具和命令都不能对它起作用。

由于位深度的概念很抽象，不大可能用一个直观的图表来

解释，以上方格式的色彩位深度示意图，是用来表示每个像素的色彩位深度。只有当每个像素都具备表达2^{24} 种颜色的可能、即一千六百万种色彩时，我们才能把不同的真彩色图片用这台计算机显示出来。（图1.2.2–5[1]至1.2.2–5[3]）。

1.2.3 矢量图与色彩

（1）图元：

"图元"（Primitives），矢量图中可用来构成更复杂物体的基本元素或部件。最常见的矢量图图元有直线、折线、曲线、螺旋线、矩形、圆形、多边形、不规则形等。一张复杂的矢量图是由很多个不同大小和形状的"图元"构成的。矢量图的图元数量越多，图形就越复杂，图形文件就越大。（图1.2.3–1）

（2）矢量图：

矢量图是数字图形两大类别中的另一类。矢量图的构成方式与点阵图不同，它不是由像素矩阵式排列，而是计算机按矢量的数字模式描述的图形。矢量图本身没有构成图形的"像素"，只是当图形在计算机的显示器或打印机上输出时，矢量图才被硬件赋予虚拟点的方式呈现出来（显示器和打印机都是以"点"的方

式〔光栅 〕显示和打印任何图形的。关于这一点，将在1.3"分辨率"中详述 ）。因此，矢量图无论在显示屏或打印机上放大多少倍。它的边缘看上去都是光滑的，不会出现锯齿状。这也是矢量图的最明显的优点之一。

矢量图也称"面向对向图形"，不含有点阵图的纯矢量图形占据的存储器空间很小，一幅由上千个物件组成的复杂的矢量图，图形文件可能只有几百K字节大小，而把它转换成相同分辨率的点阵图后，文件可能会增大到这个矢量图的几十倍甚至几百倍。

矢量图的缺点是看上去不"真实"，有明显的人工绘制的痕迹，显得有些呆板和不自然。复杂的矢量图，在某种场合下可能会出现打印和显示问题，有时打印出的是乱码，有时只能打印出其中的一部分而漏掉另一部分。

（3）矢量图与色彩

在纯粹的矢量图形的文件中（不含有点阵物体的矢量图），不管文件的矢量格式采用什么样的色彩模式，该文件的大小都不会因色彩模式的变化而受到影响，而在点阵图中，色彩模式的变化会直接影响到图形文件的大小。

计算机对矢量图形的外形与图形内色彩的叙述是一体的。一个赋有颜色的矢量物件，如线段（也称开放的路径）、矩形、圆形、多边形等，一旦产生，它的外形和颜色都构成这个物件矢量叙述的一部分。这些矩形、圆形或多边形，无论形状和面积的大

1.2.2–2	位深度 1～8位
1.2.2–3	位深度 24位
1.2.2–4	位深度 32位
1.2.3–1	矢量图～图元
1.2.2–5[1]	点阵图左上角的像素值比较　图A
1.2.2–5[2]	点阵图左上角的像素值比较　图B
1.2.4–1	矢量图中的点阵色块 1　Shane Hunt，精通Corel DRAW 8 创意设计，chapt19\pinup，北京：中国水利水电出版社，1998
1.2.4–2	矢量图中的点阵色块 2　Shane Hunt，精通Corel DRAW 8 创意设计，chapt10\sarah，北京：中国水利水电出版社，1998
1.2.2–5[3]	点阵图左上角的像素值比较图C
1.3.1–1[1]	原大图形 花，一平方英寸
1.3.1–2[1]	原大图形 眼睛，一平方英寸
1.3.1–1[2]	放大了2倍的图形 花，二平方英寸
1.3.1–2[2]	放大了2倍的图形 眼睛，二平方英寸

1.2.2–2 1.2.2–3 1.2.2–4 1.2.3–1	1.2.2–5[3]
1.2.2–5[1] 1.2.2–5[2]	1.3.1–1[1] 1.3.1–2[1] 1.3.1–1[2] 1.3.1–2[2]
1.2.4–1 1.2.4–2	

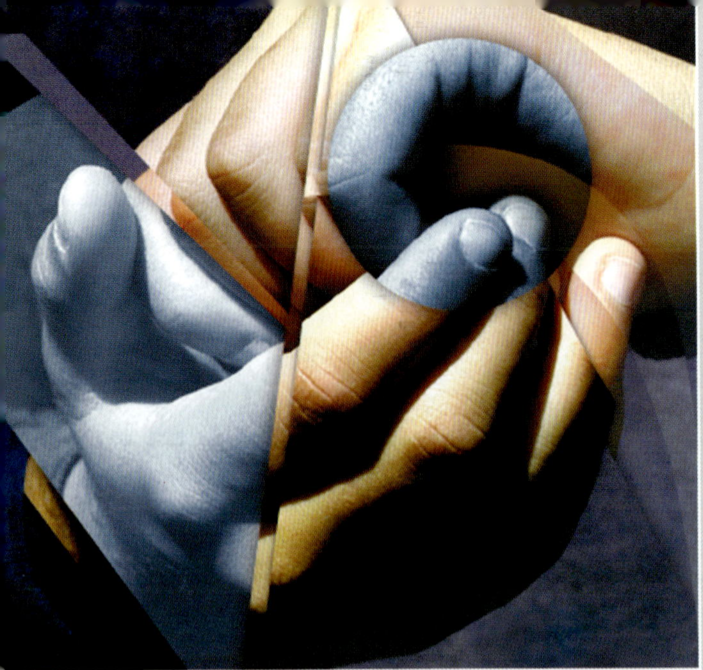

小如何，每个物件将只具有一个颜色值。因此，矢量图的色彩目前只能表示指定区域内平涂和规律性变化的色彩。而对于点阵图来说，物体的色彩信息必须附加在组成图像的每一个像素上，因此图像的面积越大，像素越多，颜色的信息也越多，文件就越大。

1.2.4 矢量文件中的点阵图色彩

在一个矢量文件中包含有点阵图，是艺术设计中司空见惯的事。一幅用CorelDRAW或Illustrator制作的精致的建筑招标书的封面设计，字体是矢量的，图片则是点阵的；标志图形是矢量的，标志的阴影则是点阵的，尽管这个图形文件是以CDR或AI格式存储的矢量图文件。一个用3DS Max建立的三维环境设计模型，建筑和广场是矢量的，墙面的大理石则是贴上去的点阵图。

包含在矢量格式中的点阵图，其处境并没有它单独生活时的那样自由和美好，它要受到来自矢量格式的种种限制。计算机对包含在矢量图中的点阵图，就像对待其他矢量物件一样来处理。不管它的面积有多大，图形有多复杂，色彩有多丰富，都只会把它作为"一个物件"来处理。虽然在矢量格式中可以放入一个或多个点阵图，却无法改变也无法编辑这些外来点阵图的单个像素，现行的印刷排版系统如"北大方正"、Pagemaker 以及图形设计软件Illustrator、corel draw等，都能自如地把点阵图插入矢量文本或矢量图形中，并可以把插入的点阵图随意放大或缩小；corel draw等软件还允许对插入的点阵图作转换色彩模型、2D效果、3D效果、残影、杂点、艺术化、锐化以及加载部分滤镜等等，但程序只对这个点阵图的整体作相对简单的数学运算，不能改变其中的部分像素，也不可能对它作更有效的图像处理。Illustrator 除了上述一些功能外，还采用ADOBE软件擅长的图层技术，把设计需要的无数个点阵图犹如一叠透明纸一样有条不紊地叠放在矢量图形之中。(图1.2.4–1，1.2.4–2)

1.3 分辨率（解析度）

"分辨率"在有关图形图像、文字等描述中，是一个被误解、混用得最多的概念。这是因为这个词能使用于各种不同的场合，而每个场合都有各自固定的含义。

"分辨率"的简单定义，是指"在指定单位上的单位数目"。

1.3.1 点阵图的分辨率

点阵图的分辨率，是指每个英寸长度单位内的像素数值。用通俗的语言表达，就是指每英寸长度单位内能够容纳多少个像素。它用"像素／英寸"(Pixels inch) 即ppi表示。如果一个(72 × 72) Pixel和点阵图，图的尺寸是2.54cm × 2.54cm （1英寸× 1英寸），分辨率就是72 ppi，这个点阵图刚好是1平方英寸大小。(图1.3.1–1，图1.3.1–2)

我们在不改变点阵图像素的情况下，把分辨率变为36 ppi，图的尺寸就会变为5.08cm × 5.08 cm （2英寸 × 2英寸），这个点阵图的尺寸就放大了2倍，变成2平方英寸。（图1.3.1–1[2]，1.3.1–2[2]）

由此，我们得出结论：

A．点阵图的像素，随着图形分辨率的增大而增加，它与分辨率成正比；图形文件的大小也与分辨率成正比。

B．点阵图的尺寸随着图形分辨率的增大而缩小。尺寸与分

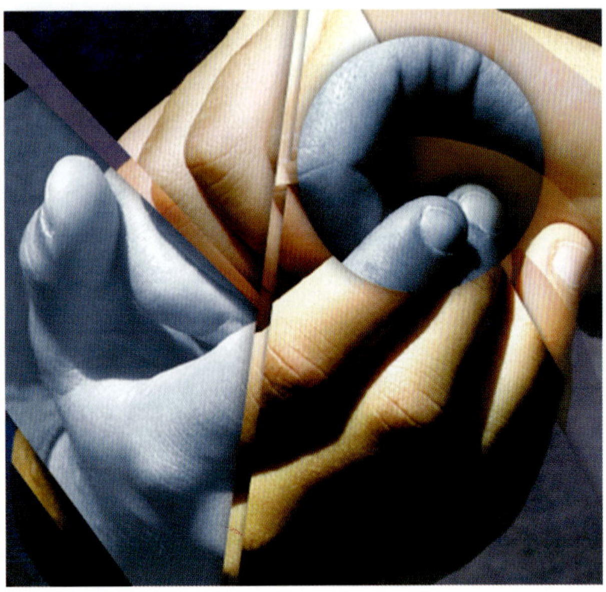

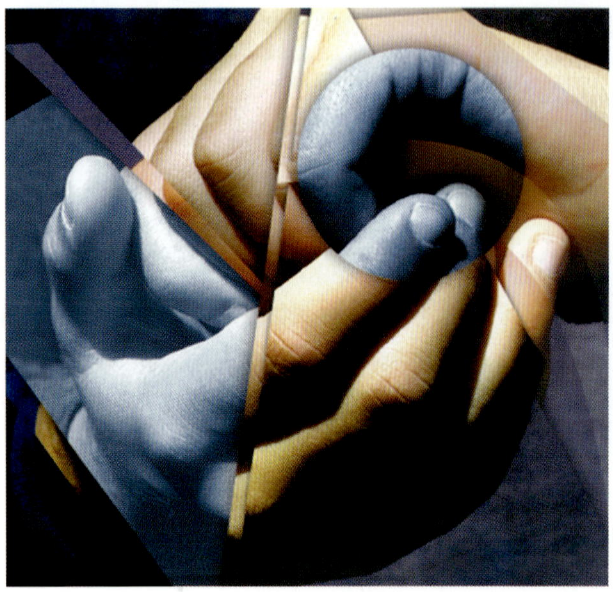

辨率成反比。

$$分辨率 = \frac{像素}{图的尺寸}$$

根据上述结论，我们用同一个固定像素的点阵图，分别在不同分辨率的视窗中打开，或在不同分辨率的打印机上打印，会得到尺寸大小不一样的结果。

我们在photoshop 6.0 /samples 中，打开名为“手”的图，系统缺省（也叫默认）它的分辨率为72 ppi，它的相关数据如下：

像素：宽432　　高398　（像素）
尺寸：宽15.24　　高14.04　（厘米）
“手”72 ppi（图1.3.1–3）

在不改变这个点阵图像素的情况下，把它另存为分辨率是36 ppi 和144 ppi 的两幅图，则可得到以下的变化：

像素：宽432　　高 398　（像素）；
尺寸：宽30.48　　高28.08　（厘米）；
“手 副本”36 ppi（图1.3.1–4）
像素：宽432　　高398　（像素）
尺寸：宽7.62　　高7.02　（厘米）
“手 副本2”　144 ppi　（图1.3.1–5）

在“手 副本 36ppi”中，由于分辨率比原图缩小了1/2，图的尺寸反而增大了2倍，由15.24cm × 14.04 cm增大到30.48cm × 28.08 cm。

在“手 副本144ppi”中，由于分辨率扩大了2倍，图的尺寸反而缩小了2倍，由15.24cm × 14.04 cm缩小到7.62cm × 7.02 cm。

如果用打印机来打印这三个图，尺寸的变化规律也是一样。假设我们使用的是一台300 dpi的激光打印机，打印一个300 ppi的点阵图（图甲），由于图形的分辨率与打印机的分辨率相一致，打印机就用一个激光点来打印图中的一个像素。我们把图甲制作一个拷贝（image/duplicate），以150 ppi另存为（图乙），图形的分辨率缩小了1/2，当用同一部打印机打印时，打印机就会用4个激光点打印图形的一个像素，结果是“图乙”比“图甲”边长放大了2倍。再以同样的方法制作一个拷贝，另存为600 ppi的（图丙），图形的分辨率扩大了2倍，打印机就会用1个激光点来打印4个像素，结果是图丙比图甲边长缩小了2倍。知道了“分辨率 = 像素 / 图的尺寸”三者的关系，我们就能事先计算出打印一个规定尺寸的图形，应该把该图的分辨率设置为多少ppi刚合适。（图1.3.1–6）

1.3.2　矢量图的分辨率

矢量图是用数学方式的描述建立的图形，计算机对于一个图形，不是按照长宽矩阵对像素进行点阵排列，而是按特定的数学模式进行矢量的描述。例如画一个圆，简单的矢量描述是：

```
MOVE  TO  100100
CIRCLE     20
```

因此，在矢量图的物件中，没有组成图形的像素，它的图形本身不存在分辨率的问题。

应该注意的是，我们使用的计算机显示器，绝大多数都是CRT技术的光栅扫描形式的彩色显示器，这种显示器是按照水平－垂直方向快速扫描的方式显示图形的，整个屏幕的视觉范围由800 × 600个（或1024 × 768，因显示器而异）小光点（光栅）组成，无论是点阵图或是矢量图，显示的方式都一样。就像我们房间里的拼花地砖，一块块形状，大小相同而颜色、花纹不同的地砖，能镶拼出一间房子优美的地面图案。

矢量图虽然本身是一幅没有小点（最小单位）的光滑的图案，但它必须借助计算机的显示器把图形呈现给观众，因此就不得不接受显示器的摆布，把它光滑的图案拆分成800 × 600（或1024 × 768）个小点，均匀地投射到整个荧光屏上。我们在显示器上看到的矢量图，已经是经过显示器“践踏”后的容貌。好在人的视觉能力不太好，在15～21英寸的显示器上，分辨不清被拆分后形成的0.3～0.25mm的小色点与未拆分前光滑的图案有多大差别。所以我们一般都天真地认为这幅图案仍然是光滑的。只有当显示器出现毛病时，荧光屏上闪烁着刺眼的“雪花”光斑，我们才会想起显示器还存在“颗粒”。（图1.3.2–1[1]～图1.3.2–1[3]）

1.3.1–3	1.3.1–6
1.3.1–4　1.3.1–5	

1.3.1–3　手　副本72ppi，photoshop 6.0软件Samples
1.3.1–4　手　副本36ppi，photoshop 6.0软件Samples
1.3.1–5　手　副本144ppi，photoshop 6.0软件Samples
1.3.1–6　像素与打印点，田少煦

1.3.3 显示器的分辨率

显示器是使我们最先获得数字图形视觉效果的输出设备。显示器的分辨率分为“物理分辨率”和“显示分辨率”两个概念。

显示器的“物理分辨率”由显示器的质量决定，它用来描述显示器最多能产生多少像素点子，它由水平扫描线上的像素点和垂直方向上的像素点组成。通常，我们不用像素点数来衡量一台显示器的物理分辨率，而是用每个光点间距（dot－pitch）来衡量显示器的物理分辨率。我们常听到的“点25”、“点28”，就是指每个光点之间距离为0.25mm或0.28mm。光点间距越小，显示器的“物理分辨率”就越高；反之，就越低。光点间距能影响图形显示的尖锐性。

显示器的“显示分辨率”由显示卡及软件决定，与显示器本身无关。“显示分辨率”由荧屏上显示的像素数来度量。一般用“水平方向的像素数”×“垂直方向的像素数”表示。在windows环境里，显示分辨率常用800×600或1 024×768或1 280×1 024来表示。

显示分辨率又常与色彩的位深度相联系。质量好的显示卡，可显示较高的分辨率和色彩位深度。如32位真彩色、1 600×1 200分辨率，甚至更高；如果换一块质量差一些的显示卡，可能就只能以1 024×768分辨率来显示16位增强色，甚至更低。

显示器的“显示分辨率”也可以用“像素/英寸”表示，但这种度量不准确。譬如windows的标准分辨率是640×480，按96 ppi计算的话，屏幕尺寸应为“宽6.6英寸”×“高5英寸”，而实际上15英寸的显示器屏幕是11英寸×8英寸，换算成“像素/英寸”后，分辨率为58 ppi；17英寸的屏幕是13英寸×91/2英寸，换算成“像素/英寸”后，分辨率为49 ppi。

1.3.4 打印机的分辨率

打印机的分辨率比较好理解，它用打印机在每英寸长度上能打印多少个点来表示，单位为“dpi（dots－per－inch）”。300 dpi就表示打印机在一英寸长的线段上打印300个墨点或激光点，600 dpi就是在一英寸的线段上打印600个墨点或激光点。打印分辨率越高，打印到图纸上的墨点就越细。

1.3.2-1[1]

1.3.2-1[2]　1.3.2-1[3]

1.3.2-1[1]　100%原大的矢量图（标志）曲线边缘很光滑．田少煦

1.3.2-1[2]　放大300%后，其曲线的边缘仍保持很光滑．田少煦

1.3.2-1[3]　放大300 000%后，其曲线的边缘还是很光滑．田少煦

参考文献：

[1] [美]约翰 卡里根 储留大等译、校．计算机图形奥秘及解答[M].北京：电子工业出版社，1995

[2] Donaid Hearn，M Pauline Baker．蔡士杰等译．计算机图形学[M].北京：电子工业出版社，1998

[3] 刘真．实用计算机图形与动画技术[M].北京：电子工业出版社，1998

第 二 章
数字色彩与色彩理论

我国的数字设计起步较晚，大规模的社会应用只不过十年时间。由于数字色彩在技术上依赖于计算机图形学而存在，它的这种自然科学特性，使得从事艺术研究的人望而却步；而它的艺术内涵又让从事计算机科学研究的人力不从心，因而导致数字色彩的理论研究暂时处于空缺状态。

由于缺乏相应的理论指导，当下我国数字艺术的色彩应用不得不沿袭经典绘画色彩与"色彩构成"的色彩理论，致使它在色彩系统、色彩模型、色彩明度与饱和度界定、色彩语言等方面暴露出明显的缺陷和偏差。

2.1　混色系统 CIE 与显色系统 HVC

由于数字色彩理论的严重滞后，我国的数字色彩设计一直处于混乱状态。大、中专学校的艺术设计教学中见不到关于数字色彩的课程，一部分色彩教师不知道何为"混色系统"和"显色系统"，更有甚者分不清光色的"三原色"与颜料的"三原色"以及它们之间的相互关系。承担着色彩设计教学重任的"色彩构成"课程，由于只涉及到现代色彩设计的一部分，在新的历史时期和数字设计普及的今天显得残缺和幼稚，社会上已经成为应用设计主流的数字色彩，在我国的课堂上竟然没有一席之地。产生这种倾向的主要原因，并不是由于数字色彩在应用设计中不重要，而是轻视色彩学习、缺乏色彩理论和色彩实践导致的结果。

2.1.1　混色系统 CIE

现代色度学是我们认识色彩的基础，它给色彩应用制定了国际通用的色彩标准。1931 年，国际照明委员会（简称 CIE）在剑桥举行的 CIE 第八次会议上，以 CIE－RGB 光谱三刺激值为基础，统一了"标准色度观察者光谱三刺激值"，确立了 CIE 1931－XYZ 系统，称之为"XYZ 国际坐标制"，从而奠定了现代色度学的基础。

由 x，y，z 三基色作轴的 xyz 锥形空间是一个三维的颜色空间，它包含了所有的可见光色（如图 2.1.1－1）。这个三维的颜色空间从原点 O 开始延伸第一象限（正的八分之一空间），并以平滑曲线作为这个锥形的端面。从原点作射线贯穿这个锥体，射线上的任意两点表示的彩色光都具有相同的彩度和纯度，仅仅亮度不同。

每条从原点出发的射线与此平面的相交点就代表了其色度值 —— 色相与纯度。把这个平面投影到（X、Y）平面，投影后在（X、Y）平面上得到的马蹄

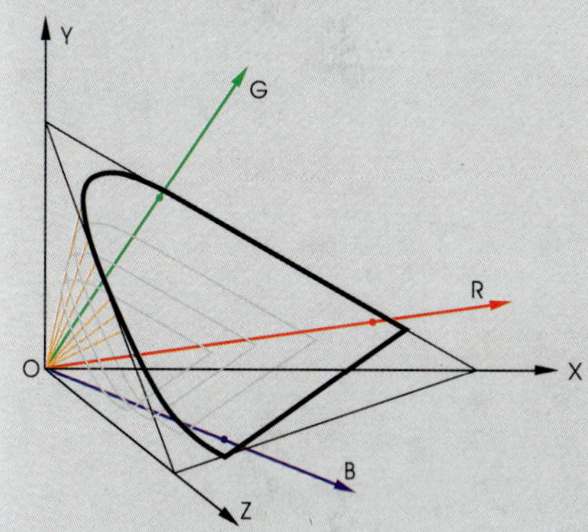

CIE

2.1.1－1　CIE 三维颜色空间，田少煦

2.1.1－1

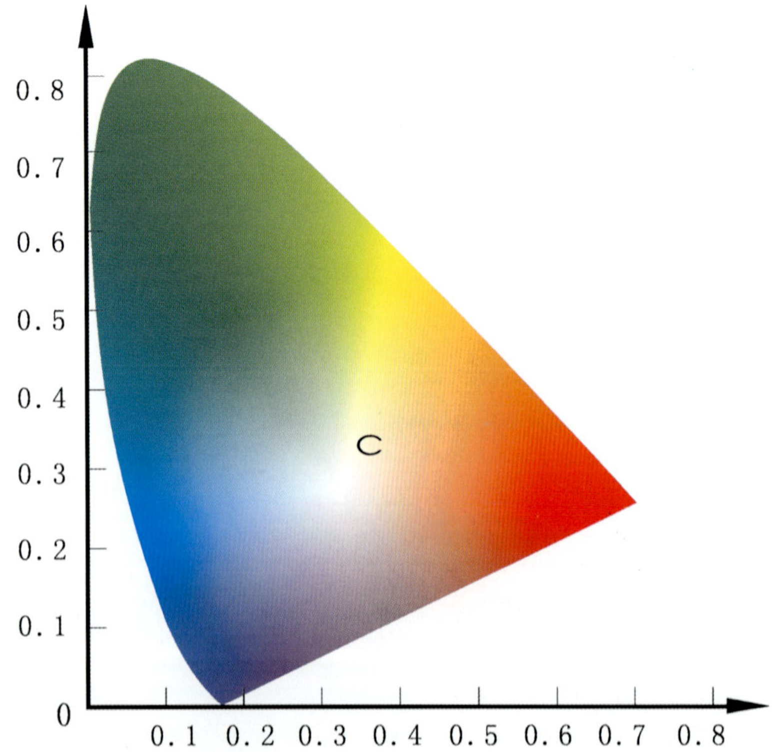

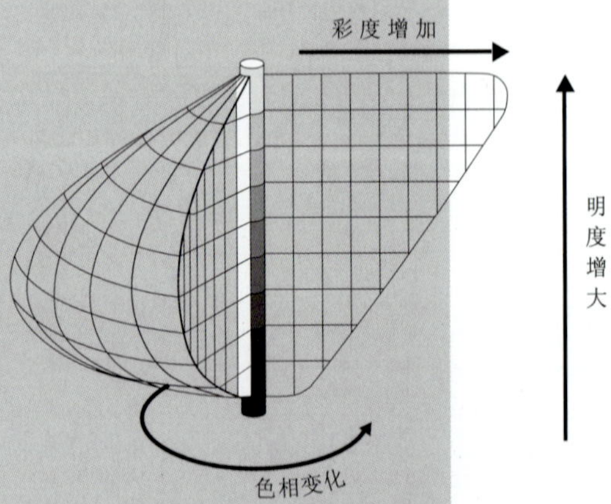

形区域就是CIE色度图，这就是目前国际通用的“CIE 1931x、y色度图”，简称“CIE 色度图”。（图2.1.1—2）

这个马蹄形的CIE色度图（也称色品图），包含了可见光的全部色域。通过CIE色度图，我们可以测量任何颜色的波长和纯度；识别互补颜色；定义色彩域，以显示叠加颜色的效果；还可以用CIE色度图比较各种显示器、胶卷、印刷、打印机或其他硬拷贝设备的颜色范围。CIE色度图是一个二维空间，它只反映了光色的色相和纯度，没有亮度因素。

2.1.2 显色系统HVC

经典艺用色彩学是一种以颜料色彩为载体、偏重色彩心理属性研究的色彩理论体系。它的物理基础是一种显色系统，最常见的是孟塞尔的HVC色彩体系。它是经典艺用色彩的基础。

孟塞尔显色系统是美国画家孟塞尔创立的。1915年《孟塞尔图谱》首次出版，随后又多次出版了修订版本和色彩样品。它是目前国际上作为分类和标定物体表面色最广泛采用的方法（包括颜料、彩色油墨、印刷品等）。美国国家标准学会和美国材料测试协会已将其作为颜色标准；日本、英国、中国等国家的标准颜色都是基于孟塞尔系统的；我国的艺术和印刷色彩教学也以孟塞尔系统为基础。

孟塞尔显色系统着重研究颜色的分类与标定、色彩的逻辑心理与视觉特征等，为经典艺术色彩学奠定了基础，也是数字色彩理论参照的重要依据。（图2.1.2—1）

2.2 数字色彩的混合与RGB色彩模型

2.2.1 色彩的三刺激与数字色彩的三基色

我们假设人类眼睛的视网膜中存在三种锥体细胞，它们分别对红、绿、蓝三种色光最敏感，根据人眼光谱灵敏度实验，我们可以得到这三种细胞最敏感的色光的波长。由于实验结果得到用来测定光谱色的原色出现负值，计算起来很不方便，科学家们选择了三个理想的原色：（X）、（Y）、（Z）。其中（X）代表红色，（Y）代表绿色，（Z）代表蓝色，这三个颜色不是物理上的真实色，而是虚构的假想色。由XYZ形成的虚线三角形将整个光谱色轨迹包含在内，因此整个光谱色就变成了以XYZ三角形作为色域的域内色，在XYZ系统中所得到的三刺激值和色度坐标x，y，z将完全变为正值。通过色度坐标的变换计算，马蹄形的光谱轨迹曲线CIE色度图就正好适合在这个XYZ三角形中。（图2.2.1—1）

在颜色匹配实验中，我们可以选取任意三种颜色，由它们相加混合后能生成这个范围内的任何颜色，那么这三种颜色就称为三原色或三基色。红（R）、绿（G）、蓝（B）是最常用的三基色，也是后来确定的计算机显示颜色的三基色。

2.2.2 色光的加色法混合与RGB色彩模型

R、G、B三色是常用的光的三原色，红（Red，记为R）、绿（Green，记为G）、蓝（Blue，记为B），它们是计算机显示器及其他数字设备显示颜色的基础。RGB色彩模型是数字色彩最典型、也是最常用的色彩模型。它属于加色法混合，是一种光源色的混合色彩模式。

加色法混合的特征是：（1）两种不同的彩色光混合生成另一种颜色，且色光混合的次数越多、强度越大，得到的颜色越明亮；（2）如果两种色光混合成白色，它们就被称为互补色；（3）三基色可以混合出其集合范围内的所有颜色；（4）红（R）、绿（G）、蓝（B）三色等量相加生成中性灰色，当R、G、B三色达到最高值时，它们相加后的结果生成白色；当R、G、B三色处于最低值时，它们相加后的结果生成黑色。（图2.2.2–1）

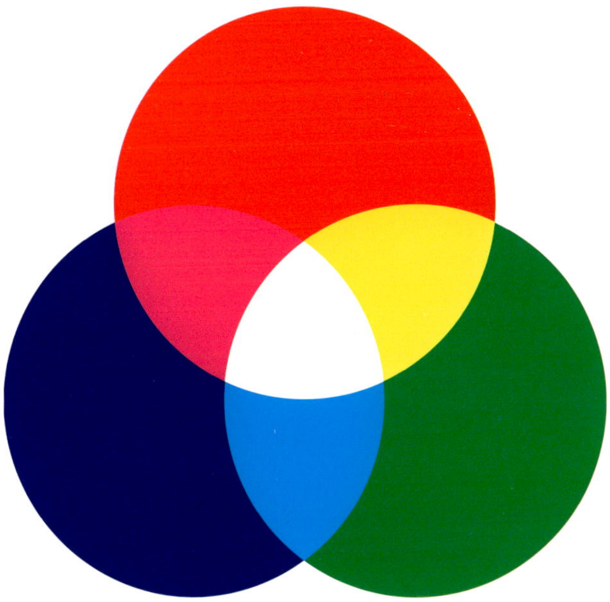

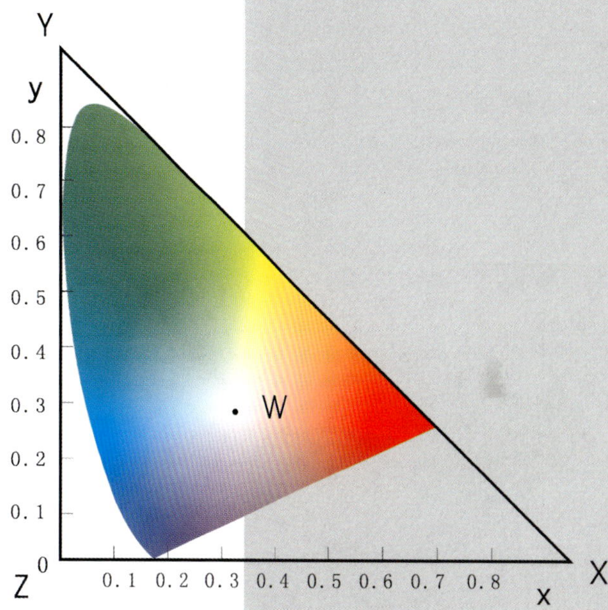

2.2.3　计算机的RGB色彩选取和数字输入

在使用计算机进行主要用于电子显示色彩的设计时，我们可以选择RGB色彩模式。RGB色彩模式采用的是CIE三维色彩空间，R、G、B三种颜色的色彩数值从0～255，共256极，是2的8次幂，与计算机显示器电子枪的强度等级是一致的。0表示色彩强度最弱（即没有光色彩）的状态，呈黑色；255表示色彩强度最强（即光的色彩纯度最高）的状态，呈最饱和色。当三种颜色的色彩数值都是0时，它所表现的区域就呈黑色；当三种颜色的色彩数值都是255时，它所表现的区域就呈白色；在处于其他色彩数值的情况下，就会显示出各种不同的颜色。

RGB色彩的选取在一般软件里使用R、G、B三色滑杆或数字输入来调节，这种滑杆式调色跟数字输入的调色方法没有多少差别，抽象而不直观。Adobe的photoshop、Illustrator和3DS MAX等软件就如此，photoshop和windows系统的调色方式还设有一种直观的"拾色器"，可以直接用鼠标在上面拾取颜色，可惜这些"拾色器"采用的是一种二维的色彩选取，只能拾取"原色"和类似"间色"的颜色以及它们跟黑色混合的颜色，如果要想直观地调制一个"略含黑色的偏红的绿"这样的复色，就困难到几乎不大可能的程度，只能依靠数字输入来完成。这是因为软件的设计者大都是计算机软件工程师，他们缺少必备的艺用色彩学知识，不清楚画家和设计师调色时的情景，在很多情况下，应该是使用"复色"，而不仅仅是"原色"和"间色"。

与此相比，Corel公司的软件工程师们想得很周全，Corel DRAW软件里的调色方式就为画家和设计师设置了一类"3D加色"和"3D减色"的方式，可以让我们像用画笔作画那样，随心所欲地设置复杂的含灰的各种彩色。（图2.2.3–1）

2.3　数字色彩的三属性与HSV（HSB）色彩模型

2.3.1　色彩的客观三属性与主观三属性

在经典艺用色彩学中，我们只知道一种"色彩三属性"，实际上它只是对人们主观感受色彩的心理描述，是建立在人的主观基础之上的对色彩属性的描述，色度学称之为"色彩的主观三属性"。色彩的主观三属性包括：色相（Hue，记为H）、饱和度（Saturation，记为S）、明度（Lightness，记为L）。色相（H）是指色彩的相貌，即红、黄、绿、青、蓝、紫等。饱和度（S）是指某种色彩含有该色彩份量的多少（即百分比）的程度，在传统的美术圈里，大多数人把"饱和度"称作"纯度"，这在小范围的用画笔和颜料进行创作的美术圈内使用还无伤大雅，但用到数字色彩中就会引起混淆，因为色度学中的"纯度"（purity）是用来描述发射光的光谱色彩的，而不是描述反射光的颜料色彩。明度（L）是指色彩的明亮程度，它是判断一个物体比另一个物体能够反射较多或较少光的色彩感觉的属性。

明度在数字色彩中表现为颜色所处于某种光照强度时的明亮程度，用颜色中所含黑色成分的多少来体现，以"明度（Brightness）"表示，记为B。只要在CIE三维色彩空间坐标中处于同一亮度色彩平面上的颜色，其明度值都相同。

色彩还存在客观的三属性，它包括：主波长（dominant wavelength）、纯度（purity）和亮度（luminance）。主波长是所见彩色光中占支配地位的光波长度，它决定色光的色彩（色相）。纯度是光谱纯度的量度，即纯色光中混有白色光的多少。而亮度是指光的明亮程度。它们是三个物理量，可以用仪器测量来得到。这三个物理量对光色特征的描述，与色相、饱和度及明度是等效的。根据CIE三维颜色空间，我们可以计算出颜色的主波长和纯度，可以直接通过三刺激值中的Y值来表示亮度因素。见图 2.3.1−1 Yxy 表色法。

2.3.2 人眼对颜色的视觉

在人的视网膜上分布有两种细胞，一种是"杆体细胞"，它可以接受微弱光线的刺激，只能让人们在月光甚至星光下极暗的环境里分辨出物体的形状和"黑"与"白"，不能分辨出颜色。视网膜上的另一种细胞叫"锥体细胞"，它只有当亮度达到一定水平时才能被激发，是人眼颜色视觉的神经末梢，能分辨物体的细微

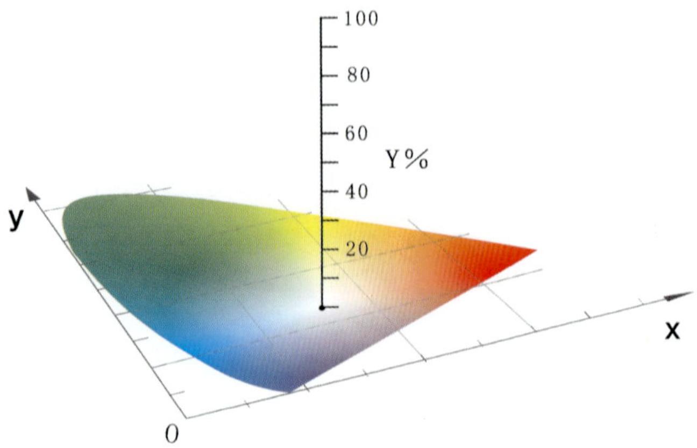

2.2.3−1　3D 减色调色界面
2.3.1−1　Yxy 表色方法.田少煦
2.3.3−1　HSV 色彩六棱锥.田少煦
2.3.4−1　HSB −色轮基准界面

2.2.3−1
2.3.1−1　2.3.3−1
2.3.4−1

结构和颜色。人眼对色彩的分辨能力因光谱颜色的差异而有所不同，我们大概能区分128种不同的色相和130种不同的色饱和度等级。根据所选的颜色又可进一步区分若干个等级的明暗差别。对于黄色，能分辨出23种明度；对于蓝色，能分辨出16种明度。因此，我们就能计算出人眼大约能分辨出的颜色总数：128 × 130 × 23 ＝ 282 720，共282 720种。这就是一些书上常提到的人类的眼睛可以分辨几十万种不同颜色的缘由。

2.3.3 HSV（HSB）色彩模型

HSV色彩模型从CIE三维颜色空间演变而来，它采用的是用户直观的色彩描述方法，它跟孟塞尔显色系统的 HVC 球型色立体较接近。只不过HSV色彩模型是一个倒立的六棱锥，只相当于孟塞尔球型色立体的一半（南半球），所以不含黑色的纯净颜色都处于六棱锥顶面的一个色平面上。在HSV六棱锥色彩模型中，色相（H）处于六棱锥顶面的色平面上，它们围绕中心轴V旋转和变化，红、黄、绿、青、蓝、品红六个标准色分别相隔60度。色彩明度（B）沿六棱锥中心轴V从上至下变化，中心轴顶端呈白色（V ＝ 1），底端呈黑色（V ＝ 0），它们表示灰度颜色的变化。色彩饱和度（S）沿水平方向变化，越接近六棱锥中心轴的色彩，其饱和度越低，六边形正中心的色彩饱和度为零（S ＝ 0），与最高明度的V ＝ 1相重合，最高饱和度的颜色则处于六边形外框的边缘线上（S ＝ 1）。见图2.3.3−1 HSV色彩六棱锥。

（1）色相、饱和度与六棱锥色平面（H和S）

色平面（H、S）的基础是CIE色度图的x、y色平面

（2）明度与六棱锥中轴色（V）

色明度（V）的基础是 CIE三维颜色空间的亮度因素Y。它们与CIE色度图的对照详见 图 2.3.1−1 Yxy 表色法所示。

2.3.4 计算机的HSB色彩表达

HSV色彩模型在计算机软件里常用HSB色彩模式来表示，跟HSV色彩模型一样，H表示色相，S表示色彩饱和度，B表示色彩明度（相当于V）。最直观的表示法见corel DRAW 中"HSB"色彩模型的"HSB −色轮基准"。（图2.3.4−1）

2.4 数字色彩的分类与CMYK色彩模型

由于CIE色度图是一个二维空间，它只反映了光色的色相和纯度，没有亮度因素，为了全面地描述所有的色彩，还必须指出其亮度特征。根据CIE三维颜色空间，我们可得到一个既表示色相和纯度的色度坐标x、y，又表示颜色亮度特征的亮度因素Y的立体图标，其中亮度因素从0～100%，这也是CMYK色彩模型的色度学基础。

2.4.1 CMY是RGB的补色

CMY三色分别是青色、品红色、黄色。青（Cyan，记为C）、品红（Magenta，记为M）、黄（Yellow，记为Y）是打印机等硬拷贝设备使用的标准色彩，它们分别是红（R）、绿（R）、蓝（B）三基色的补色。打印机等硬拷贝设备把C、M、Y颜料通过纸张等介质打印成图片后，我们就能通过反射光来感知图片的颜色。CMY色彩模型也是数字色彩常用的色彩模型，它属于减色法混合，是一种颜料色彩的混合模式。

减色法混合的特征是：（1）两种不同的颜色混合生成另一种颜色，且颜色混合的次数越多，得到的颜色就越灰暗、越混浊；（2）C、M、Y等各种颜色等于从白光中减去它们各自的补色。如：

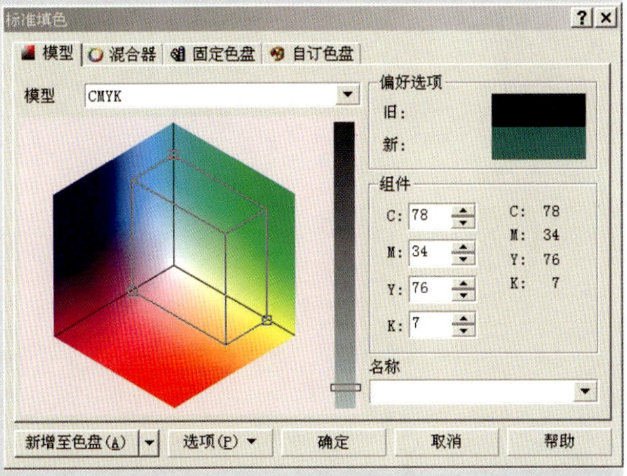

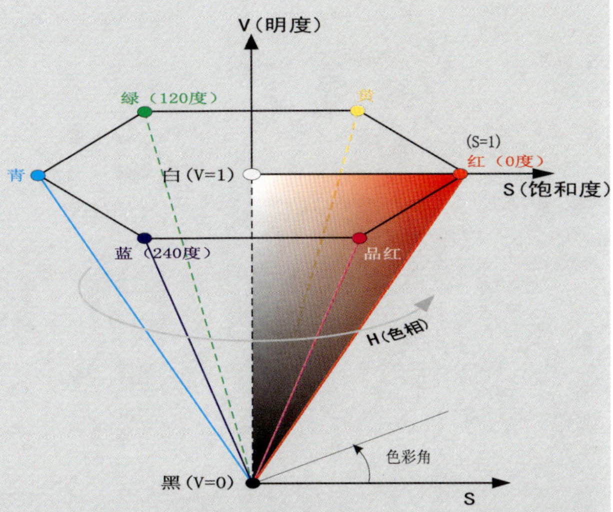

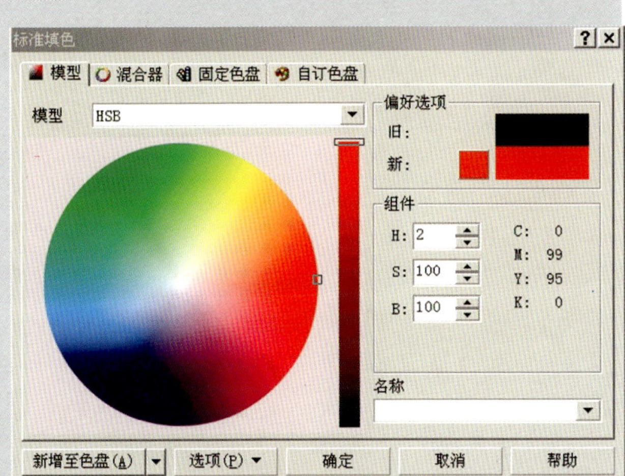

青色等于从白光中减去红光；（3）青（C）、品红（M）、黄（Y）三色等量混合生成中性灰色，当C、M、Y三色达到最高值时，混合的结果生成黑色。在实际应用中，由于颜料的化学成分和介质吸收等原因，C、M、Y三色混合后不会产生真正的黑色，因此在打印时要多加一个黑色（Black，记为K）作为补充。（图2.4.1–1）

2.4.2 颜料的减色法混合与CMYK色彩模型

CMY三色就是我们从小学画时常常听到的所谓红、黄、蓝三原色，它们的色相跟绘画颜料的湖蓝、玫瑰红、柠檬黄接近。计算机里的CMY色彩模型，就是模仿显色系统的减色法色彩模型。在具体的计算机实用图形软件里，CMY色彩模型都以CMYK色彩模型来体现。

（1）有彩色系的色平面

它是CIE的X、Y色平面及六棱锥色平面（S）；

（2）无彩色系的黑色条

它是CIE的三维亮度值（Z）及六棱锥的亮度值（V）；

2.5 数字色彩对两种系统的综合

孟塞尔显色系统HVC的诞生早于CIE 1931 – XYZ系统，从色域的涵盖来看也远远小于CIE 1931 – XYZ系统。由于孟塞尔显色系统主要研究颜料色彩，早期应用于绘画、印刷等领域；而CIE 1931 – XYZ系统主要研究光学色彩，应用于相关的工业应用领域，以至于两种系统各自独立的发展。特别是在造型艺术相关的领域里，几乎不提及CIE 1931 – XYZ系统，人们只知道与颜料相关的"色彩学"，不知道与光色相关的"色度学"，更不了解CIE混色系统、色度图和比颜料色彩更为宽阔的其他色域。

计算机的问世，特别是计算机图形学的应用，迫使画家、设计师不得不跳出原来各自的视觉艺术小圈子，站在一个新的高度来审视所要面临的色彩世界，孟塞尔显色系统和CIE混色系统在20世纪后半叶实现了整合。

2.5.1 色彩系统的整合

经典艺用色彩的基础建立在"孟塞尔色彩系统"的颜料色彩之上，它是一个显色系统，主要研究物体的反射光和色彩的减色模式，它的理论阐述和设色应用只局限在一种色彩系统之内；而数字色彩的基础建立在"CIE 1931 – XYZ系统"的光学色彩之上，是一个混色系统，主要研究物体的发射光和色彩的加色模式。整合后的数字色彩，由于囊括了色彩从生成、获取到实现的全过程，它将整合显色系统和混色系统两种色彩系统的理论，以及光学色彩与颜料色彩的加色模式与减色模式。

2.5.2 色彩模型的整合

经典艺用色彩使用的是孟塞尔色彩系统的HVC，它是经典艺用色彩的色彩模型，简称孟塞尔色立体，它像一个扭曲的偏心球体。孟氏色相环以红、黄、绿、蓝、紫5种色为基础色相，中间加入黄红、黄绿、蓝绿、蓝紫、紫红5种过渡色相，每种色相又细分为10个等级，共计100个色相。孟氏明度色阶有11个等级，球体的垂直中心轴顶部为理想的白色，底部为理想的黑色。孟氏的纯度色阶与明度色阶成直角关系，直角相交点为某一等级的中性灰色，该色的纯度为0，离开中央明度色阶垂直中心轴越远，色彩的纯度越高〔4〕。孟塞尔色立体跟数字色彩的HSV色彩模型比较接近，两者的主要区别是明度的中性灰色与饱和度（纯度）之间的对应关系；最饱和色的等色相面与明度中心轴的倾斜角差

异。整合后的数字色彩模型，以RGB色彩模型为基础，根据不同的应用需要，兼顾基于硬拷贝的CMY色彩模型和基于用户的HSV色彩模型。鉴于HSV六棱锥模型与孟塞尔色立体的差异，一些近期开发的新的图形图像软件在研制中已考虑到HSV色彩模型的局限，用数字表示法来弥补HSV六棱锥模型的空间描述缺陷，使基于用户的HSV色彩模型更加完善。

在具体的能产生数字色彩的图形图像软件中，各种色彩模式也是可以相互转换和相互连接的，我们在RGB模式里输入色彩数值，同时可以看到它换算成CMYK或HSB或Lab等色彩模式的数值对应（如 Corel DRAW中的"标准填色"弹出对话框里的"值2"，就有"CMYK"、"RGB、"HSB"、"Lab"四种换算的数值对应色彩值）。

2.4.1—1 颜色的减色法混合

2.4.1—1

第三章 数字色彩与经典色彩的比较

传统的经典色彩是相对新兴的数字色彩而言的，我们把原来美术、艺术设计界沿用的基于颜料、染料、涂料媒介的艺用色彩称为“经典色彩”。数字色彩的一部分源于经典色彩，但它涵盖了经典色彩所要表达的全部范围，是对经典色彩的发展与超越。

3.1 数字色彩与经典色彩的色域分析

3.1.1 CIE 的可见光色域

“色度学”是在国际照明委员会的CIE色彩系统基础上发展起来的以物理光学、视觉生理等学科为基础的研究人的颜色视觉规律、颜色定量测量理论与技术的一门科学。从理论上讲，可见光分布的色域就是CIE所表示的色域。有些观点把CIE色度图（图 3.1.2–1）的可见光颜色跟 Lab色彩空间所包含的颜色等同起来，认为CIE色度图的全部色彩就是Lab色彩空间表现的全部色彩。实际上前者是一个平面的色彩空间，只有主波长和纯度两个色彩要素，没有亮度因素；后者Lab是一个立体的色彩空间，是由亮度L，以及a、b两个色彩范围构成。因此，只有“CIE 1931 – XYZ系统”三维色彩空间的全部色彩，才能说与Lab色彩空间的色彩相一致。其他色彩空间的色彩都在它的涵盖之内。（图 3.1.1–1）

3.1.2 RGB 屏幕颜色的色域

RGB是计算机荧光屏及其他常见数字设备显示颜色的色彩方式，它们的所有颜色都是由R、G、B三种发光质通过加光混合产生的。由于R、G、B三种颜色各能产生2的8次幂即256级不同等级亮度的颜色，它们叠加在一起就可形成2的24次幂（$2^{3\times8}$），即16 777 216种颜色。RGB色域涵盖了CMYK硬拷贝色域和所有颜料、涂料的色域。

根据三基色（三原色）的生成原理，三基色的色域只能限制CIE色度图中由所选定的三点连成的三角形以内。从CIE色度图我们得知，任何三基色能混合产生的颜色，都不能包含人的视觉能感知的全部色域。RGB色彩空间的色域如图所示（图 3.1.2–1）。

3.1.3 CMYK 印刷颜色的色域

当今的印刷术以CMYK四色胶印为代表，它采用C（青）、M（品红）、Y（黄）、K（黑）四色高饱和度的油墨以不同角度的网屏叠印形成复杂的彩色图片。由于这四色彩色油墨的网点相互错开，各种颜色之间保持了相对独立的饱和度，形成

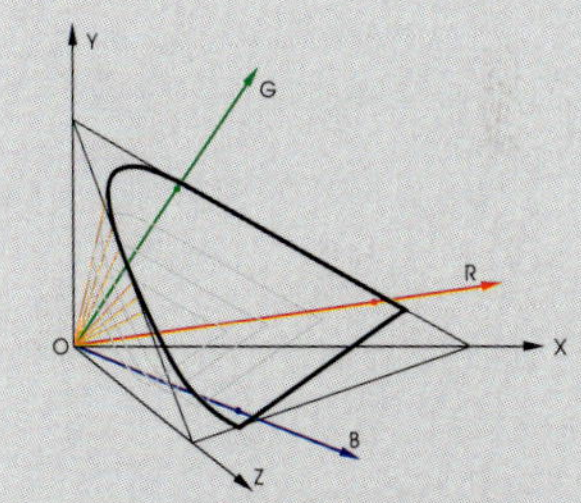

CIE

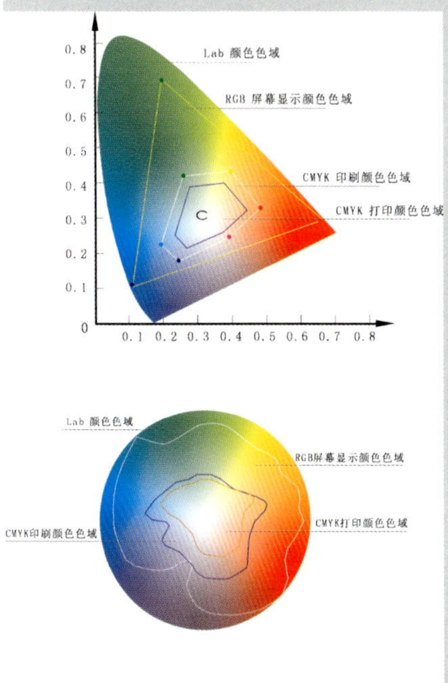

3.1.1–1 CIE 三维色彩空间，田少煦
3.1.2–1 CIE色度图及其各种色域的比较，田少煦

3.1.1–1
3.1.2–1

中性的空间混合，不大会出现因手工绘画调色或其他色料调和时导致的颜色之间降低饱和度的减色混合。

CMYK 印刷颜色，是油墨所能表现的色域，它与计算机上 CMYK 色彩模型能表达的色彩不是一回事。因此，我们在应用计算机进行色彩设计时，系统可提示你超出印刷、打印的“警告色”，即使你设计了比较鲜艳的颜色，如果超出了 CMYK 印刷颜色的色域，计算机就会提示你用一个接近它的较灰暗的颜色去顶替它。可见 CMYK 印刷颜色的色域小于 RGB 屏幕颜色的色域。

在 CIE 色度图中，我们可知道 C、M、Y 原色油墨的 x、y 色度坐标：

青色：　x = 0.1902，　y = 0.2296

品红色：　x = 0.420，　y = 0.2410

黄色：　x = 0.4020，　y = 0.4401

图 3.1.2—1 可观察到 CMYK 印刷油墨的色域 。

从图上能明显看到 CMYK 印刷色域与 RGB 色域的差别，它的色域比 RGB 色域小得多。为了拓宽印刷色彩的色域，印刷界在 CMYK 四色印刷的基础上，通用一种叫做 “pantone” 的印刷专色，使印刷颜色的色域又稍有拓宽。

3.1.4　CMYK 打印颜色的色域

CMYK 打印颜色，是打印机彩墨所能表现的色域。由于打印机的彩墨其色彩饱和度低于印刷油墨，喷墨打印墨点之间还会出现色料的减色混合，因此它的色域也小于CMYK印刷颜色的色域，打印机打印出来的彩色图片，其色彩表现力也次于印刷色彩。从图 3.1.2—1 上可看到 CMYK 打印颜色的色域。

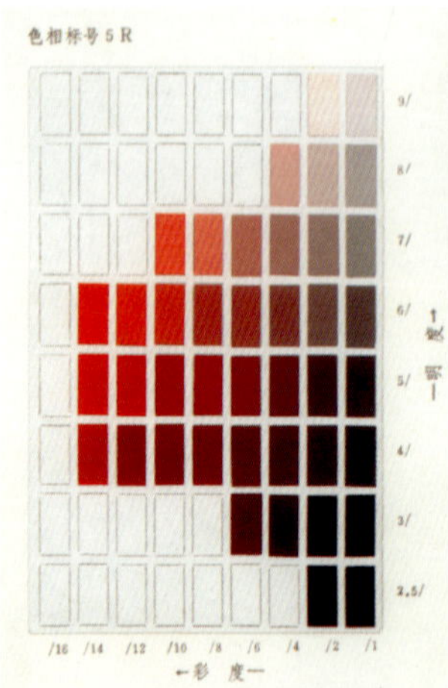

3.1.5　经典绘画颜料色彩的色域

传统绘画的色彩调制通常只用几十种、最多一百多种颜料。颜料在生产配制过程中需要加入很多充填剂，特别是制作水粉画颜料要加进大量的白色粉质，致使颜料的饱和度在出厂时就较低。经过绘画过程的颜料相互调和后，色彩的饱和度（彩度）继续降低，它能产生的色彩种数远远少于数字化的RGB色彩和印刷的CMYK 色彩，其色域范围也小得多，完全被数字色彩的色域所涵盖。由于对传统绘画颜料所能产生的颜色种数缺乏精密的科学统计（这里不能按照孟塞尔的粗略划分），我们只能凭借色彩的理性分析及其视觉感官推断它跟打印色彩的色域近似，如图3.1.1—1 可知绘画颜料的色域。从孟塞尔系统的色彩样本，我们也可看出他粗略划分的色彩种类[1]。（图 3.1.5—1～图 3.1.5 — 5）

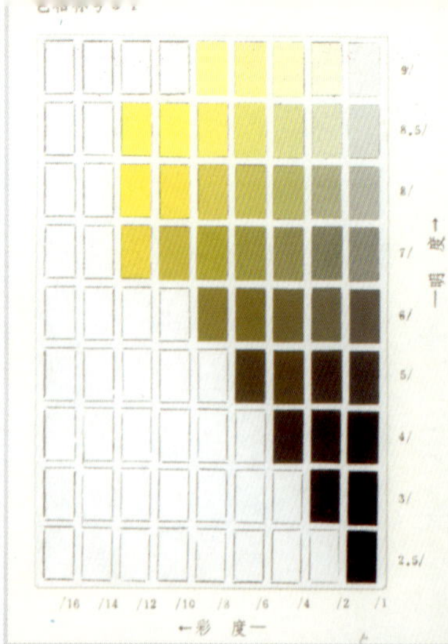

3.2　数字色彩与经典色彩的比较

把数字色彩与经典色彩放在一起，就好像一位天真烂漫的顽童跟在一位德高望重的老者后面。传统经典色彩的应用，已历时上万年，其完整的色彩理论（孟塞尔等色彩理论）也有一百年之久；而数字色彩的诞生还只有短短的几十年时间，大规模的设计应用也不过 10 来年。虽然数字色彩姗姗来迟，但它凭借了物理光学和经典色彩的成熟理论，使自己能站在巨人的肩膀上迅猛发展，并逐渐形成了区别于经典色彩的数字色彩新体系。

3.2.1　数字色彩与经典色彩不同的饱和度、明度界定及表达方法

在数字色彩与经典色彩中，都存在色彩的明度、饱和度（彩度）这两个要素，但对它们的界定及表达方法却不同，由此而引起色彩理论和色彩性质的差异。

(1)饱和度界定

1)我国的艺术色彩教学体系，基本上是按照孟塞尔的色彩体系进行的。但我国把色彩的 “彩度” 称为 “纯度”，其大概的含义是指颜色的鲜艳与混浊的程度，或可见光辐射的波长单一或复杂的程度。降低纯度的方法，就是往颜色里混入无彩色系的黑、白、灰色，或混入该色的补色。

2)数字色彩的 “饱和度” 与孟塞尔的色彩体系的 “彩度” 对应。从颜色的角度，是指某种颜色含有该颜色份量的多少程度；

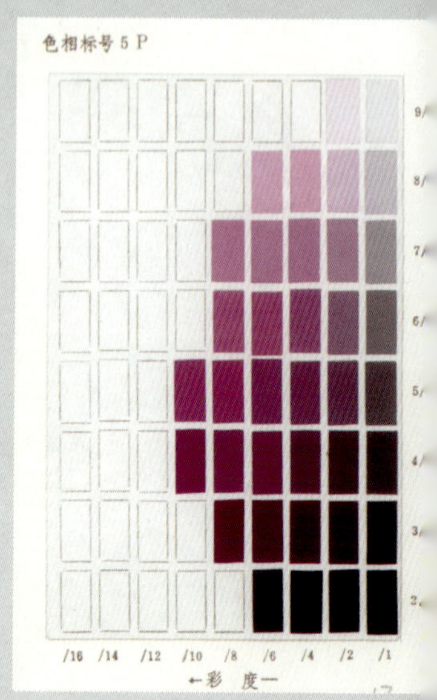

从光色的角度，是指光谱纯度的量度，即纯色光中混有白色光的多少。

经典色彩混淆了颜料色与光色的区别，其定义也十分含混，不易科学地把握。何为“鲜艳”？何为“混浊”？往一个绿颜色里混入黄色，算不算降低了这个绿色的“纯度”？而数字色彩的“饱和度”界定就比较肯定：从理论上讲，只要往一个颜色里混入其他颜色（不管是什么颜色），就会降低这个颜色的“饱和度”，或只要往一个光色里混入了白色光，也就降低了这个光色的“纯度”。（图 3.2.1–1）

(2)饱和度表达

我们来比较一下经典色彩的孟塞尔色立体与数字色彩的HSV色彩模型。

孟塞尔色立体的表达：

1）从孟塞尔色立体我们可以看到，孟塞尔色立体是一个偏心球体，其中纯度最高（最鲜艳）的颜色不是固定在球体的赤道上，而是按一定的规律向球体的上下两极匀速位移，这就决定了孟塞尔色立体上纯度最高的颜色不在相同的明度等级上，尤其是较明亮的黄色与较深暗的紫色分别接近球体的上下两极。（图 3.2.1–2）

2）根据孟塞尔色立体对色彩纯度（彩度）的规定，沿球体表面纯度最高的颜色水平向球体中心过渡，其色彩的纯度越来越低，到达球体中心轴时，色彩的纯度等于0，这时的颜色是一个跟球体最外层纯度最高的颜色具有相同明度的中性灰色。（图 3.2.1–3）

数字色彩HSV色彩模型的表达：

1）从HSV色彩模型我们可以看到，所有的最高饱和度的颜色都处于同一个六边形的色平面上，位于HSV色彩模型六棱锥的顶部，这个六边形的色平面上的所有颜色具有完全相同的光照强度，因而也具有完全相同的色彩明度；

2）沿六边形外框饱和度最高的颜色水平向六边形中心过渡，其色彩的饱和度越来越低，到达六边形中心时，色彩的纯度等于0，这时的颜色是不含任何彩色成份的纯白色。

(3)明度界定及其表达

经典色彩认为：色彩的明度既与白色有关，又与黑色有关。

1）提高色彩明度的方法，是往颜料里面加入白色。加入的白色越多，该颜色的明度越高；

2）降低色彩明度的方法是往颜料里面加入黑色。加入的黑色越多，该颜色的明度越低。这与“纯度”的界定相混淆，因为“纯度”也规定往颜料里面“加黑色”和“加灰色”（灰色＝黑＋白）就会降低色彩的“纯度”。

3.1.5–1　孟塞尔系统的色彩样本 1
3.1.5–2　孟塞尔系统的色彩样本 2
3.1.5–3　孟塞尔系统的色彩样本 3
3.1.5–4　孟塞尔系统的色彩样本 4
3.1.5–5　孟塞尔系统的色彩样本 5
3.1.5–6　孟塞尔系统的色彩样本 6
3.1.5–7　孟塞尔系统的色彩样本 7
3.1.5–8　孟塞尔系统的色彩样本 8
3.1.5–9　孟塞尔系统的色彩样本 9
3.1.5–10　孟塞尔系统的色彩样本 10

3.1.5–2　3.1.5–3
3.1.5–1 | 3.1.5–6　3.1.5–7　3.1.5–8　3.1.5–9　3.1.5–10
3.1.5–4　3.1.5–5

数字色彩认为：色彩的明度与白色无关，只与黑色有关。

1）计算机的色彩生成原理不允许它按照绘画颜料的概念进行“加入白色”的操作（数字色彩中没有“加入白色”的概念），明度只与黑色有关。因此，一个百分之百饱和度的纯色是不可能再提高明度的，它本身已经达到了最高明度。颜色提高明度的方法是从该颜色里面去掉黑色，如果这个颜色里不含黑色成分，就不能再提高它的明度。这样，鲜艳的纯朱红色与很浅的粉红色的色彩明度是完全一样的，它们只是饱和度不同而已；明亮的黄色和深沉的蓝紫色也具有相同的明度值。这是由CIE三维空间坐标决定的，因为朱红色与粉红色、黄色和蓝紫色都同时处于同一亮度的色彩平面上（图 3.1.1–1）。

2）降低色彩明度的方法是往颜料里面加入黑色，加入的黑色越多，该颜色的明度越低。

3.2.2　基于化学途径的经典色彩与基于物理途径的数字色彩

经典色彩使用的颜料有“矿物质颜料”“植物颜料”和“化学颜料”，它们大都基于化学途径。油画中的很多颜料都是用天

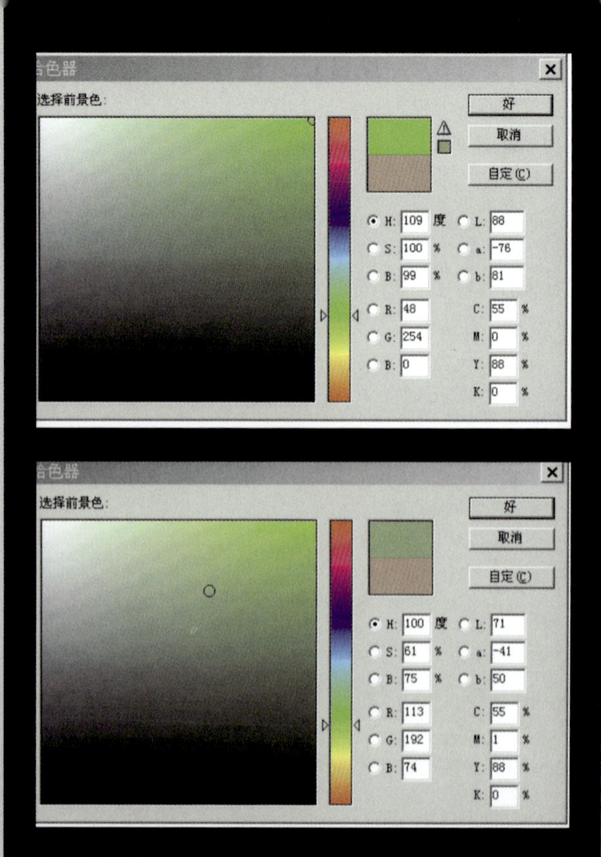

然的矿物质做成的；中国画的颜料历来注重选料和精工细作，以至于用朱砂、石青等制成的颜料，画在丝帛上两千多年不褪色。中国画、水彩水粉画颜料中，还有一些植物颜料，如藤黄、花青、胭脂、青莲等。化学颜料在水粉颜料中应用普遍。丙稀颜料就是一种地道的化学颜料，它经氧化后就形成一层塑料膜覆盖在介质面上。

而数字色彩是基于物理途径的，他的原料是电子。电荷的运动经计算机硬件和软件的配合产生了相应的数据，形成了2的24次幂（2^{24}）那么复杂的数字色彩。前几年科学界传出喜讯，人类正在试验未来的"量子计算机"，并取得了初步的进展，科学家把少量的量子放入试管里，让它们在特制的液体中运动能得出某种意义上的计算结果。后来，美国普渡大学理系的科学家，在量子计算机研制方面又取得了突破性进展，他们成功地将多个"量子点"两两相连，通过控制每个量子点的电子数量，准确地探明了"量子点"内电子的自旋状态，并以此为基础研制成计算机电路板上的开关线路。该成果标志着以半导体材料为基础的量子计算机的研制又向前迈进了一大步。

量子运动与电子运动具有显著的区别，是一种不确定的超态。打一个比方，如果一只老鼠准备绕过一只猫，按照经典物理理论，它要么从猫的左边要么从右边穿过。而按量子理论，它可以同时从猫的左边和右边穿过。量子这种常人难以理解的特性使得具有5 000个量子位（比特）的量子计算机，可以在大约30秒时间内解决传统超级计算机要100亿年才能解决的大数因子分解问题[2]。因此，未来的"量子计算机"将比目前的电子计算机体积更小、功能更强大，运算速度更快，甚至孕育着一些我们目前无法想像的科学前景。

3.2.3 经典色彩的概括性与数字色彩的虚拟现实性

从经典色彩和数字色彩对世界的表达程度来说，可以概括为：经典色彩表现现实，它的表现力相对有限，因而具有概括性的特征；数字色彩虚拟现实，它的表现力相对无限，因而具有虚拟现实性的特征。

经典色彩由于其色域很窄，它与自然界可见光的颜色种类相差太远，（具体详见第三章3.1）从而决定了它只能概括地"表现现实"的物质基础。数字色彩之所以能"虚拟现实"，是因为它能表现的色域跟自然界可见光的色域比较接近，另外就是它能模拟自然光在真实环境里的色彩效果。

计算机中的三维设计是目前最流行的模拟现实的趋势。它的渲染系统中最先进的技术有两项：光能传递和光线跟踪，它们在"虚拟现实"中起到了重要作用。

(1)光能传递技术

从光学物理来看，人眼感受到一个自然场景是由于辐射光能与场景相互作用（吸收、反射和透射）后到达人眼的结果。

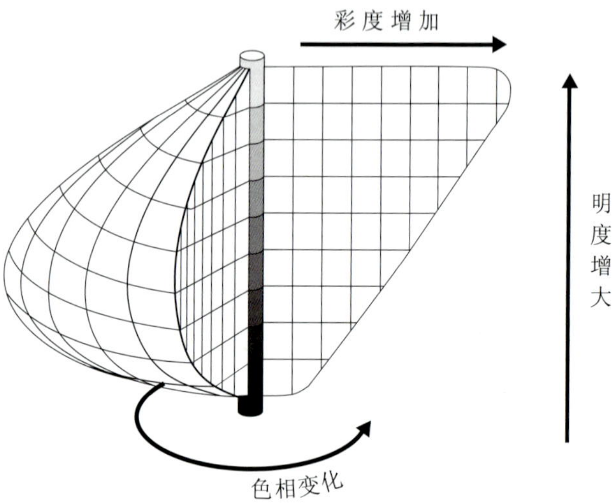

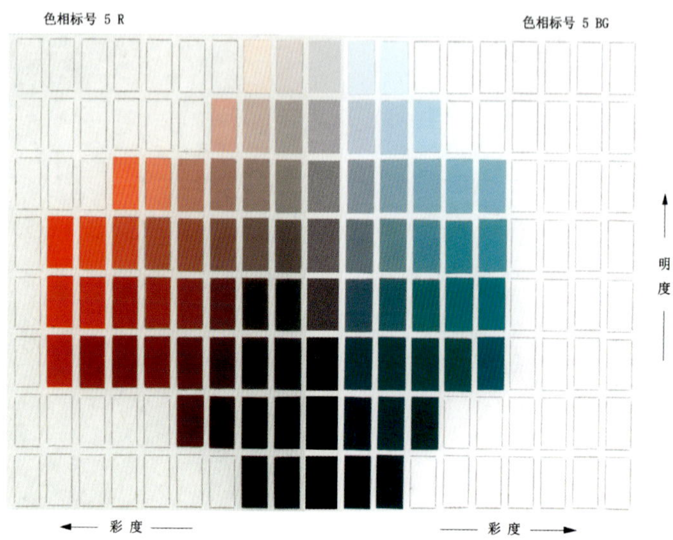

3.2.1–1 混入其他颜色的饱和度的比较
3.2.1–2 孟塞尔色立体示意图
3.2.1–3 孟塞尔色立体纵截面色彩彩度与灰度的对应
3.2.1–4 HSV色彩六棱锥．田少煦
3.2.3–1 环境光反射

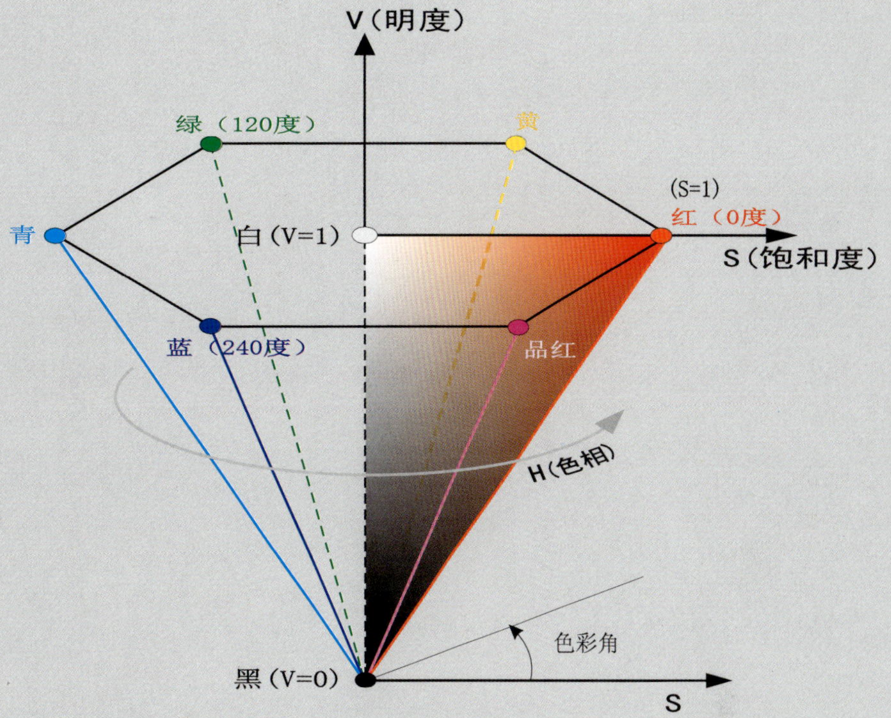

光能传递过程的第一步，将场景全部转换为一定尺寸的"面"，并假定所有的面均为漫反射面。然后根据能量平衡原理计算每一面上的能量，从而求出每个面的光亮度。简单的说，光能传递最重要的贡献就是解决了环境光照的漫反射问题。（图 3.2.3–1）

另外真实世界中存在着一种"颜色渗透"的现象，通过光能传递计算也能非常真实的模拟出来。光能传递计算得到的结果最大优点就是真实，由于整个场景之间存在"颜色渗透"，整个画面非常柔和而逼真。（图 3.2.3–2）

(2)光线跟踪技术

光能传递解决的是场景光照中的漫反射。自然界的一些材质会产生镜面反射和规则透射，例如光滑表面和玻璃等等，这类材质反射的光线或者折射的光线具有很强的方向性，它不能使用光能传递这种和观察方向无关的方法来模拟。而解决场景光照中的镜面反射和规则透视就需要另一种技术：光线跟踪技术，光线跟踪算法比较复杂，它通过发光点到投射面的多次反复跟踪，直到被跟踪的光线经多次反射和折射后衰减到可以被忽略的程度，或跟踪深度达到指定层次时才停止发射光线。

以上我们不难看出，计算机对色彩的追求，是建立在"虚拟自然"的基础之上的，旨在用计算机完全模拟自然界的真实

3.2.1–1	3.2.1–4
3.2.1–2 3.2.1–3	3.2.3–1

世界[3]。

数字色彩与经典色彩的区别，还有反射光的经典色彩与发射光的数字色彩；经典色彩的减色模式与数字色彩的加色模式等，这些都包含在本书的其他章节里，这里不一一列举。

3.2.3–2 光能传递得到的“颜色渗透”

3.2.3–2

参考文献：

[1] 孟塞尔系统的色彩样本选自《孟塞尔色谱》，北京百花美术用品公司。

[2] 东方网.量子计算机将取代硅芯片计算机．中国教育和科研计算机网[科研与发展]www.net.edu.cn，2002

[3] “光能传递技术”与“光线跟踪技术”的文字资料及图片由广州市圆方计算机软件工程有限公司彭劲雄及其同事提供。

第四章
数字色彩的获取与生成

数字色彩的获取与生成，离不开产生它的数字设备，数字设备的质量好坏直接影响到数字色彩和图形的质量。从某种意义上说，数字设备（包括相应的软件系统）是获取数字色彩的质量关键。艺术设计常用的数字设备有计算机、扫描仪、数字照相机和数字摄像机。

4.1　计算机绘制生成的色彩

早期的数字色彩生成，主要是通过计算机键盘输入应用程序来实现的。那时的数字图形和数字色彩的生成，还没有开发出现在这种"可见即可得"的人机对话方式。今天我们使用的Auto CAD的早期版本，就残留有一些用输入命令的方式建立图形、模块的遗俗。

数字图形与色彩生成方法，可分为两种基本类型：一、模拟摄影、绘画的影像绘画系统；二、规则的系统艺术。

4.1.1　模拟摄影、绘画的影像绘画系统

模拟摄影、绘画的影像绘画系统主要通过计算机的先进技术，摹拟传统的摄影、绘画，它综合了电子计算机生成图形图像以及胶片（银盐）摄影、手工绘画的方法和技巧，扩展了摄影和绘画的表现范围，使表现形式趋于理想和完善。我们常见的Photoshop、Illustrator、Corel DRAW、Corel Photo–Paint、Painter、3DS Max、Maya等，都属于这一类型。

4.1.2　理性精密的规则系统艺术

规则系统艺术（Algorithmic Art）利用计算机系统特殊的演算规律来生成图形和色彩。"分形"图形是典型的规则系统艺术范例，它使用了一种类似重复的计算方法，使产生的图形和色彩在从大到小的任何尺度上都呈现出"自相似性"，能产生变幻多端，又不失规律的美丽图案与色彩，我们常见到的三维图形中相似形树叶的生成技术，就采用了规则系统艺术的技术。一些专门开发的分形艺术的设计软件，较好地展现了分形艺术多姿的风采[1]。（图 4.1.2–1～图 4.1.2–10）

利用计算机系统的规则来创造图形和色彩的原理，还广泛地运用于一些常用的图形图像软件中，如Corel DRAW中的Power tine（轮廓线）、Blend（融合）；Auto CAD 中的Array（阵列）等。遗憾的是这种最能施展计算机艺术语言和表现才能的创作手段，在艺术设计中没有很好发挥它应有的积极作用。当日本著名

4.1.2–1　分形图形 1. 作者佚名

4.1.2–1

视觉艺术设计师胜井三雄的"色光之宇宙"电脑绘画作品展现于世时，引起了强烈的震撼和轰动，被日本及西方设计界誉为"光的胜井"。他的这些作品，就充分发挥了计算机艺术这种独特的色彩语言和造型语言。（图 4.1.2–11～图 4.1.2–23）

4.2 通过扫描仪获取的色彩

扫描仪是目前设计界获取客观世界色彩的一种最普及、最精密的输入设备，环境设计用到的扫描仪，主要有平台式扫描仪、正负胶片扫描仪和滚筒式扫描仪。

4.2.1 普通平台式扫描仪扫描

普通平台式扫描仪是设计人员常用的色彩、图像输入设备，品牌很多，性能优劣不一，操作方法因品牌而异。其中品质较好的有 AGFA（爱克发）、UMAX 等，而 HP（惠普）和清华紫光等品牌，因具有较好的性能价格比，较多地受到一般用户的青睐。下面以 AGFA（爱克发）品牌为例，介绍应用扫描仪的常规方法。

AGFA（爱克发）中档以上的平台式扫描仪可以扫描三类原稿，一是反射稿（Reflective），二是透射告（Transparent），三是

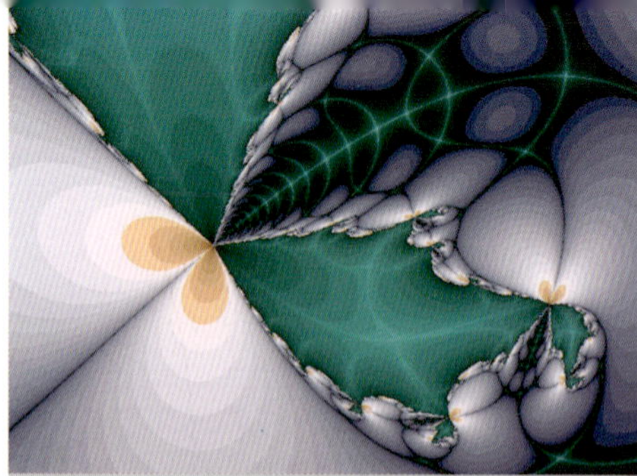

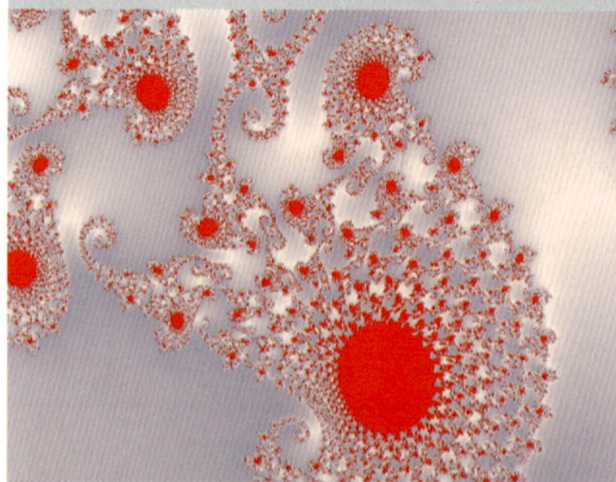

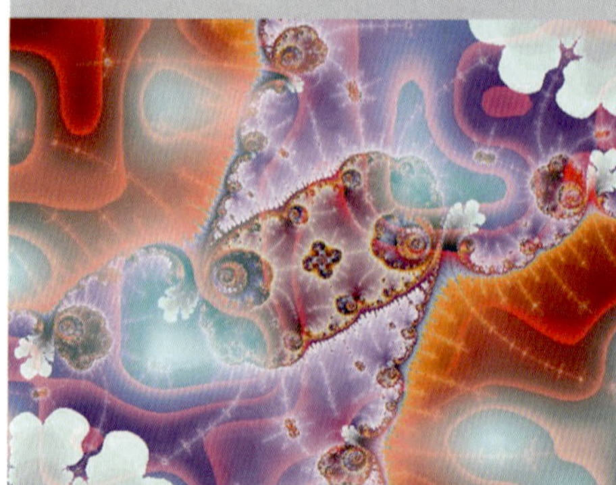

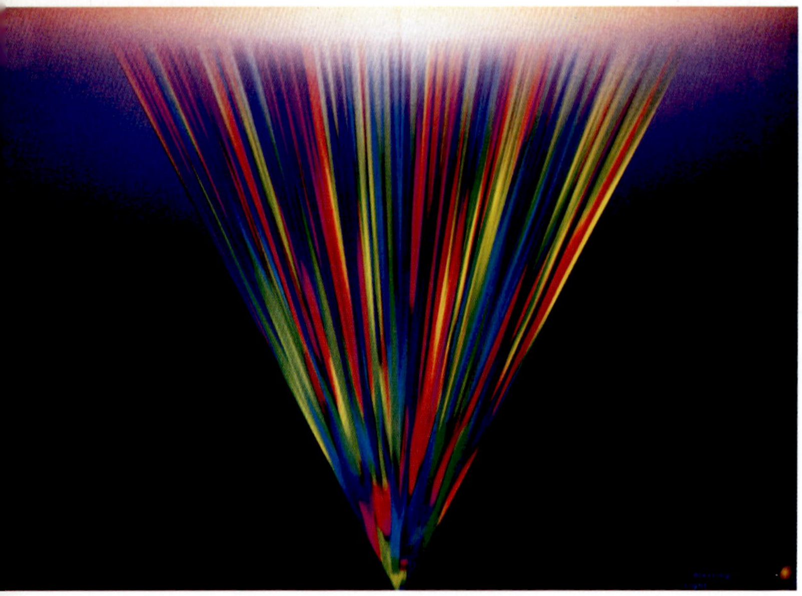

4.1.2–2　分形图形 2．作者佚名
4.1.2–3　分形图形 3．作者佚名
4.1.2–4　分形图形 4．作者佚名
4.1.2–5　分形图形 5．作者佚名
4.1.2–6　分形图形 6．作者佚名
4.1.2–7　分形图形 7．作者佚名
4.1.2–8　分形图形 8．作者佚名
4.1.2–9　分形图形 9．作者佚名
4.1.2–10　分形图形 10．作者佚名
4.1.2–11　胜井三雄作品 1，朝仓直已，龙辰出版事业有限公司，1999.182
4.1.2–12　胜井三雄作品 2，Graphis，2001，(11–12).24
4.1.2–13　胜井三雄作品 3，Graphis，2001，(11–12).25

负片（Negative）。扫描仪获取色彩有五种方式：1、黑白扫描，2、灰度扫描，3、RGB（三色）反射式彩色扫描，4、CMYK（四色）反射式彩色扫描，5、透射扫描。

(1)黑白扫描(Line Art)

黑白扫描也称线条图形扫描（Line Art），它只能产生一位（1 bit）色彩，所以它获取的色彩只是黑白二种颜色。黑白扫描是扫描中最简单的一种，它的参数设置也最简单，只需设置扫描分辨率（ppi）即可，黑白扫描得到的黑白两色图形文件，只能存为 TIF、BMP 等有限的文件格式，这也是光符识别（OCR）扫描文字的两种常用的文件格式，在较低版本的点阵图编辑软件中（如 Photoshop 早期版本），很多工具和菜单命令都不能直接对它们起作用。

一些扫描仪还设有一种“黑白半色调”的扫描方式，采用黑白两色的小色点来模拟灰度照片的明暗过渡色彩层次，虽然扫描得到的图像只有黑白两种色彩，但看上去接近灰度级的色彩效果。（图 4.2.1–1）

(2)灰度扫描(GrayScale)

灰度扫描一般使用 8 位（bit）灰度颜色，即 2 的 8 次幂（即 2^8），256 个等级的灰阶色彩；也可使用 10 位（bit）灰度颜色，即 2 的 10 次幂（即 2^{10}），1 024 个灰阶色彩；目前顶级的 AGFA 平台扫描仪，能达到 12 位（bit）灰度颜色，即 2 的 12 次幂（即 2^{12}），4096 个灰阶色彩。能较好地表现黑白照片的黑、白、灰层次。灰度扫描可设置 Gamma 值，调节色调曲线（ToneCure），在 Range 里调节亮度 / 对比度参数和暗部 / 亮部范围，能定义白色和黑色。还可调节亮度（Brightness）和对比度（Contrast）的参数。（图 4.2.1–2）

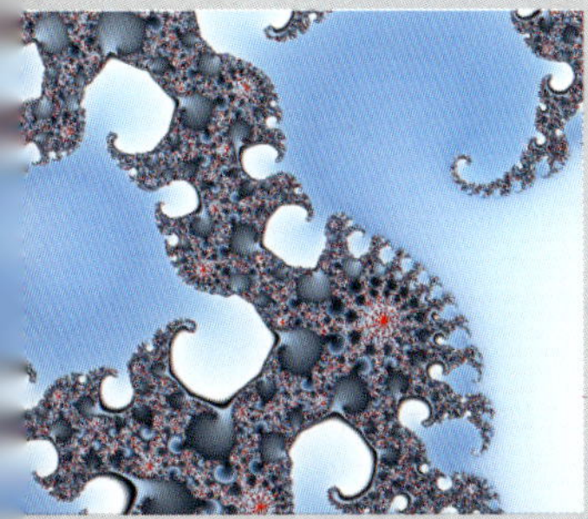

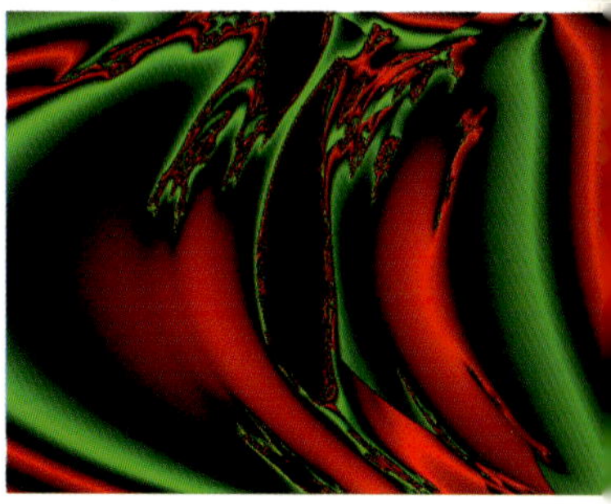

4.1.2–12
4.1.2–2
4.1.2–3
4.1.2–4
4.1.2–5
4.1.2–6
4.1.2–13
4.1.2–7 4.1.2–8 4.1.2–9 4.1.2–10
4.1.2–11

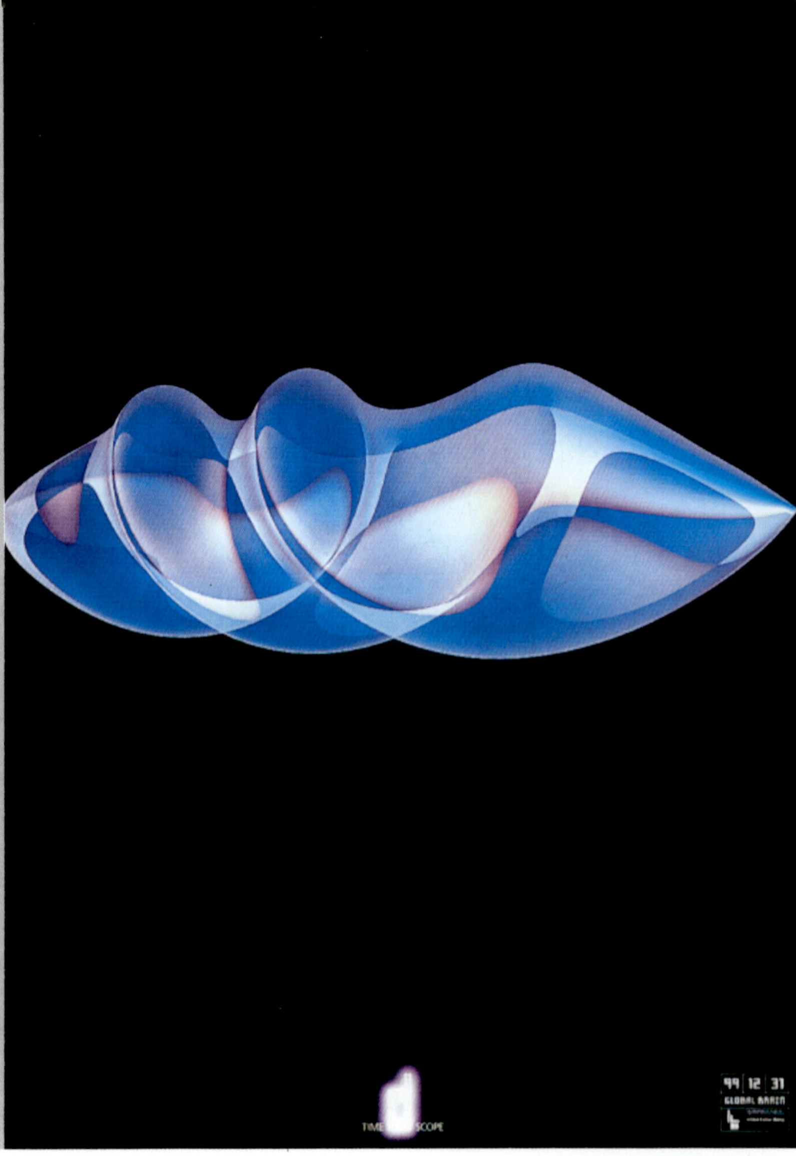

4.1.2–14	胜井三雄作品 4, Graphis, 2001,(11–12).26.
4.1.2–15	胜井三雄作品 5, Graphis, 2001,(11–12).28.
4.1.2–16	胜井三雄作品 6, Graphis, 2001,(11–12).29
4.1.2–17	胜井三雄作品 7, Graphis, 2001,(11–12).30.
4.1.2–18	胜井三雄作品 8, Graphis, 2001,(11–12).30.
4.1.2–19	胜井三雄作品 9, Graphis, 2001,(11–12).30.

4.1.2–15

4.1.2–14 4.1.2–18 4.1.2–17

4.1.2–23

4.1.2–19

4.1.2–20 4.1.2–21

4.1.2–24

4.1.2–16 4.1.2–22

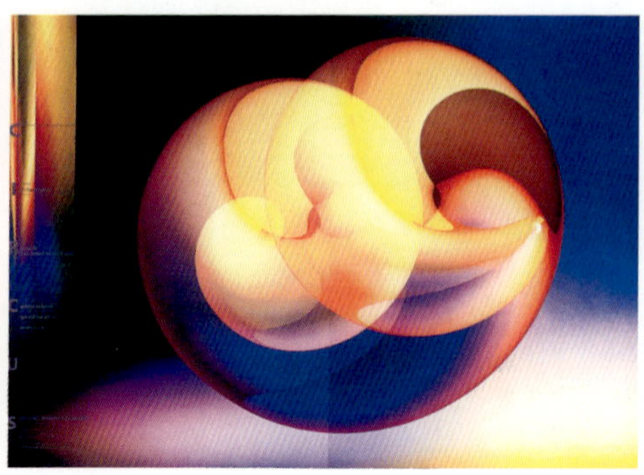

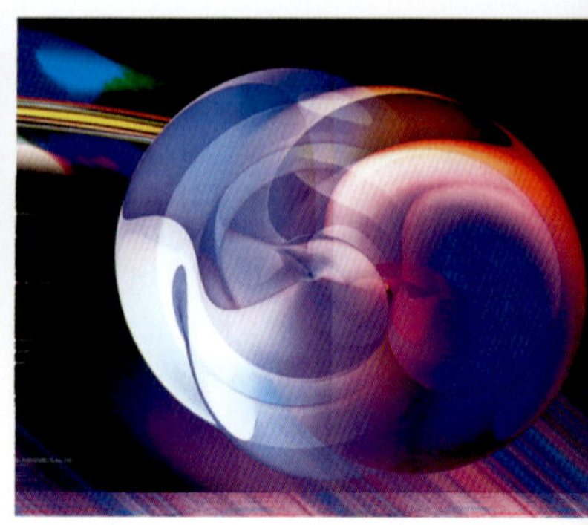

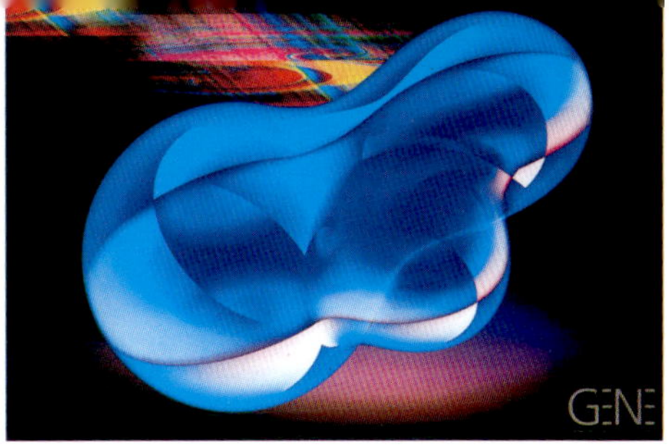

4.1.2–20　abstract by yoshiaki ishihama. 分形艺术
www.fractal.net.cn , 2002

4.1.2–21　critical mass by dragon13.分形艺术
www.fractal.net.cn , 2002

4.1.2–22　mandel–root by soler.分形艺术
www.fractal.net.cn , 2002

4.1.2–23　Summer Ice Palace by john charles macpherson.分形艺术
www.fractal.net.cn , 2002

4.1.2–24　view from io by marion lyons. 分形艺术
www.fractal.net.cn , 2002

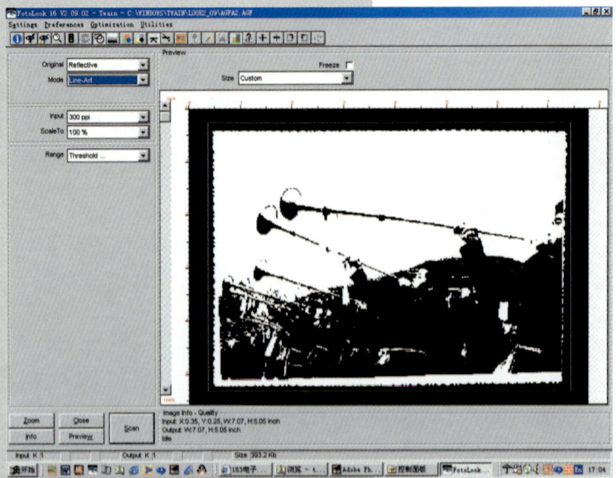

(3)RGB(三色)彩色扫描(Color RGB)

RGB(三色)扫描是指扫描得到的彩色图像为RGB色彩模式。RGB扫描得到的色彩，每个色彩通道颜色的位深度可以是8 bit、10 bit或12 bit。在同一台扫描仪中，色彩的位数深度越大，获取的颜色质量越好，色彩之间的过渡越平滑。但目前一些图像编辑软件（如Photoshop 7.0及以下版本）还不能处理每个通道是10 bit和12 bit的颜色，这会使人觉得10 bit、12 bit的颜色是没有意义的，其实不然。如果我们用10 bit或12 bit扫描一张图片的色彩，把它转换成Lab色彩模式后在Photoshop中处理，处理完毕后再根据需要转换成印刷用的CMYK色彩模式或显示用的RGB色彩模式。这样就会获得比直接用8 bit扫描更丰富的色彩效果，这里涉及到RGB与Lab色彩模式的色域问题。

RGB(三色)彩色扫描的参数设置与灰度扫描一样。这里重点要提及"硬去网"(Descreen)功能。在扫描印刷品时，使用扫描仪的"硬去网"功能不可忽略，因为平版印刷是通过网屏来还原图像和色彩的，没有经过去网的扫描结果，图像会出现明显的网纹。硬去网的参数有65，85，100，120，133，150，175，200和other，单位是lpi，硬去网最好选择与印刷该印刷品时网屏一致的参数。由于印刷品的网屏数是不标示出来的，只能靠经验去判断，一般杂志的彩色印刷网屏是150 lpi，较精美的是175 lpi或200 lpi。扫描时，硬去网参数设置越大，扫描速度越慢。（图4.2.1–3）

在实际工作中，我们使用的很多老式扫描仪都没有硬去网功能，可以通过软件中的"模糊"(blur)命令来去掉部分网纹，使

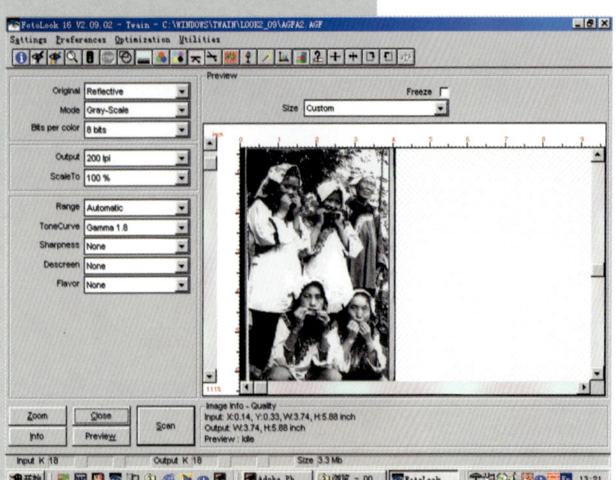

36

用Photoshop就能达到这种效果。为了不致于使图像变得模糊不清，可以选取网纹明显的个别色彩通道单独操作，而不是针对整个图像。

用Photoshop 去网纹的方法是：先关闭图像中不必要的色彩通道，显示网纹明显的个别色彩通道，在"滤镜"菜单下，选"模糊"–"高斯模糊"，再在"高斯模糊"弹出对话框中移动滑杆，调节半径像素至合适的程度，以既能消除明显的网纹，又不使图像变得不清晰为好。

(4)CMYK(四色)彩色扫描(Color CMYK)

比较高级的扫描仪才会有CMYK四色扫描功能，在同一台扫描仪中，CMYK四色扫描能得到比RGB三色扫描多一个通道的颜色。如果同样是用每个色彩通道8 bit扫描，RGB三色扫描只能获得2的24次幂（2^{24}）色彩，即16 777 216色，而CMYK四色扫描可以获得2的32次幂（2^{32}）色彩，即4 294 967 296色。从图像文件的大小来看，RGB扫描的文件也明显小于CMYK扫描的文件。如果是用于印刷，CMYK四色扫描省去了由RGB色彩模式到CMYK色彩模式的转换，也就减少了一次因色彩模式间的转换所造成的色彩损耗。因此，具有CMYK四色扫描功能的扫描仪，对于从事有印刷业务的设计公司是极为有用的。

CMYK四色彩色扫描的其他参数设置与RGB三色扫描相同。在早期版本程序的Arcs II扫描仪中，Line – Art（黑色）扫描会以lpi为分辨率单位，而Gray – Scale（灰度）和RGB扫描则会以ppi为分辨率单位，ppi和lpi的换算是1 lpi ＝ 2 ppi。（图4.2.1–4）

(5)透射(正片)扫描(Transparent)

透射（正片）扫描与常规的反射式扫描不同，扫描仪的光线要透过被扫描的图片。透射（正片）扫描的光源有两种设置法：常见的是上下对射式，即在扫描仪的顶盖上加装一个扫描光源，与底下来的光源产生相向对射，被扫描的透明图片放在两个光源之间的平台玻璃板上。另一种是跟反射式扫描的光源一致，只有一个光源，不同的是透明图片放置的位置设在反射式扫描平台玻璃之下、光源之上，它不仅节省了一个光源，更重要的是它减少了因两个光源同时照射在一张透明图片上所产生的色彩误差，提高了色彩的获取质量。AGFA平台式扫描仪 DUSCAN的高级系列扫描仪，就采用了这种设置。（图4.2.1–5）

4.2.2 平台式正负胶片扫描仪扫描

正负胶片扫描仪采用的是一种灵敏度更高的CCD传感器，它具有比平台式扫描仪更高的分辨率，它能将小尺寸的透射原稿（如135彩色反转片或彩色负片）理想地数字化为数字图形文件。由于这类扫描仪一般具有较宽的光学动态密度范围，它能够捕获到透视稿的全部色调范围，特别是可对透射原稿暗部色彩作较好的色彩还原，可替代滚筒扫描仪的电分专业效果。譬如宝丽莱SprintScan 1 200正负胶片扫描仪，光学分辨率高达4 000 dpi，48bit，可同时显像RGB、CMYK格式，监控两种格式的打印效果和区别。其光学动态密度范围达3.9～4.2OD，硬件接口为SCSI–2和1394火线两种，是35mm及APS正负胶片理想的扫描仪。

4.2.3 滚筒式扫描仪扫描

滚筒式扫描仪是目前最精密的扫描仪器，它一直是高精密度彩色印刷的最佳选择。在个人计算机还没有普遍进入家庭和设计公司的前些年，滚筒式扫描仪就随着彩色平版印刷而落户大的

彩色印刷企业。那时候人们把它叫做“电子分色机”。它的工作过程，是将正片或原稿用分色机扫描存入电脑，因为“分色”后的图档是以C、M、Y、K或R、G、B的形式记录正片或原稿的色彩信息，这个过程就被叫成“分色”。或“电分”（电子分色）。而实际上，“电分”就是我们所说的用滚筒式扫描仪进行图像扫描。

滚筒式扫描仪与平台式扫描仪的主要区别，是它采用PMT（光电倍增管）光电传感技术，而不是采用CCD，能够捕获到正片和原稿的最细微的色调。用滚筒式扫描仪扫描，能获得较高的色彩位深度和极高的图像分辨率，因此它能把很小的原稿在不降低色彩层次的前提下放大很多倍。扫描仪的分辨率越高，表示它的放大倍率越高，一台4 000 ppi分辨率的滚筒式扫描仪，按常规的150线印刷要求，可以把一张4 × 5的正片放大13倍（4 000 ÷ 300=13倍）。现在的滚筒式扫描仪可以毫无问题地与苹果机或PC机相连接，扫描得到的数字图像可用Photoshop等软件作必要的修改和色彩调整。

4.2.4 影响扫描仪色彩的主要因素

(1)CCD传感器质量

图像（光电）传感器是决定扫描仪质量的首要因素。平台式和正负胶片扫描仪使用的是CCD电荷耦合图像传感器。CCD传感器每个单元的光灵敏度、它们之间的电隔离以及与环境噪声的隔离是限制其质量的主要因素。在扫描图片时出现的噪音，主要来源于电子电路的不稳定性和暗电流，暗电流是指传送给传感器的一种不变的电信号，它使扫描仪很难获得正片暗部区域的清晰图像再现。

滚筒式扫描仪使用的是PMT（光电倍增管）传感技术，它可以一次将一束极亮的光线聚焦到图像的一个极小区域，从而使扫描仪能够在正片和原稿密度很高的暗部区域再现出所有的色彩层次。

(2)分辨率

分辨率是扫描仪对原稿图像细节描绘能力的一个关键指标，分辨率越高的扫描仪，它对原稿细节的分辨能力就越强。扫描仪的分辨率一般用每英寸含多少个点来标示，称dpi或ppi，也有用每英寸含多少条线来衡量，称lpi。如果你用150 lpi扫描一幅图，所得到的数字图形在 Photoshop 中存盘，就会得到300 dpi的分辨率。（150 lpi × 2 ＝ 300 dpi）

在扫描仪说明书的技术指标中，常可看到两种表示分辨率的数字：如光学分辨率600dpi × 1 200dpi，最高分辨率9 600dpi × 9 600 dpi。光学分辨率就是CCD能产生的分辨率，也可以说是扫描仪获取真实色彩的分辨率，它基于硬件设备；而最高分辨率是一种插值分辨率，它是用软件算法在光学分辨率的基础上进行补充得到的，没有多大的实际用处，特别在彩色扫描中，插值分辨率不可能增加真彩色的色彩层次，在扫描仪上进行插值扫描，还不如在图像软件里（如Photoshop）插值色彩经济和方便。

使用扫描仪扫描图像，不要一味地追求过高的分辨率，必须与你的输出目的相匹配。如果扫描的目的是为了在屏幕上观看、演示，或用Internet作网上传播，扫描分辨率一般设为100 ～150 ppi即可，因为监视器在1 024 × 768的状态下，其显示分辨率是96 ppi；投影仪也一般只有800 × 600。用于Internet的图像，这种分辨率也绰绰有余。如果扫描的目的是为了打印，用300～500 ppi扫描也就够了。用于印刷的扫描，最好的扫描分辨率数值是印刷网片线数的2倍到3倍，假如你想用175线印刷较精美的图片，扫描的分辨率就应设为350 ppi（175 × 2 ＝ 350 ppi）至500 ppi之间。

(3)色彩的位深度

色彩的位深度（bit depth）也称色彩深度（color depth），是衡量扫描仪获取颜色多少的一种度量。同样的扫描仪，色彩位深度值越高，扫描出来的图像色彩越逼真，色彩还原效果越好。

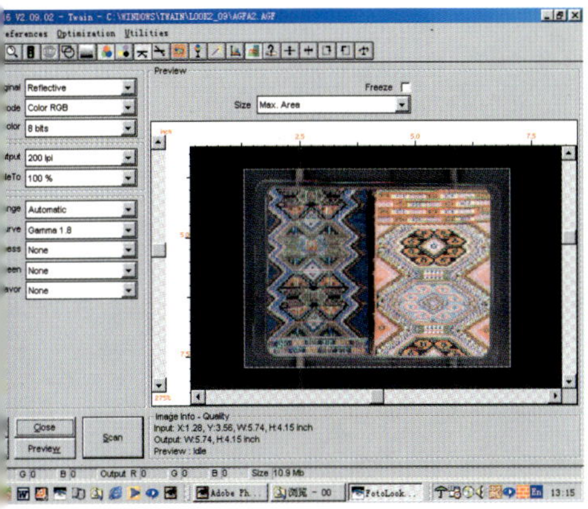

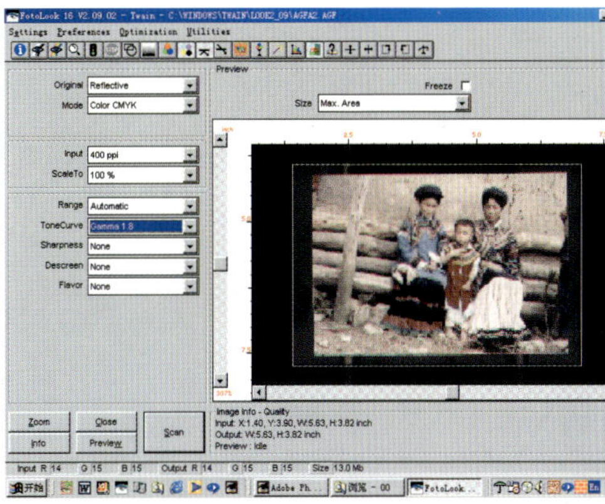

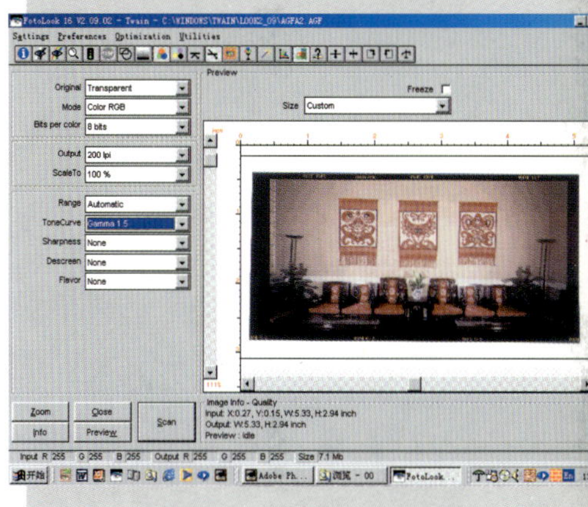

4.2.1—1 黑白扫描．AGFA扫描仪界面．田少煦
4.2.1—2 灰度扫描．AGFA扫描仪界面．田少煦
4.2.1—3 GRB三色扫描．AGFA扫描仪界面
4.2.1—4 CMYK四色扫描，AGFA扫描仪界面．田少煦
4.2.1—5 透射（正片）三色扫描．AGFA扫描仪界面．田少煦

4.2.1—1 4.2.1—3 4.2.1—4 4.2.1—5
4.2.1—2

等。色彩的位深度数值，实际上表示A/D转换电路的参数。扫描时当原稿被扫描仪内置的灯管照射，产生的反射光线通过三棱镜被分离成R、G、B三色光后，分别照射在三条CCD线阵上，得到相应的模拟信号，这些信号在扫描仪中被放大，经过数字化处理后就能被计算机接收。在R、G、B三色中，如果一种颜色的数字化电路是12位（bit）的，也即2^{12}，三种颜色的集合就是2^{36}，能产生68 719 476 736种颜色，这就是我们常见的36位（bit）颜色。从理论上讲，数字化电路的位宽越大，所得到的色彩数值就越大，扫描时就能获得更丰富的色彩信息，颜色之间的过渡就越细腻、平滑。

但各个生产厂家对扫描仪的设计不尽相同，特别是CCD的质量有所差别，影响到扫描仪的信噪比有高有低。有的扫描仪信噪比高，虽然只能产生30 bit色彩，但它扫描得到的色彩却比信噪比低、36 bit的扫描仪质量更好。信噪比的高低无法在扫描仪的参数中发现，必须经过实际使用来进行比较。[2]

4.3 通过数字照相机和数字摄像机获取色彩

数字照相机和数字摄像机是获取客观世界数字色彩的另一途径。数字照相机主要用于捕捉相对静止的对象，生成的是静态的数字图像和色彩；数字摄像机主要用于捕捉景物的连续活动，生成的主要是动态的图像和色彩。近年来，一些生产厂家推出了数字摄像兼照相两用机和数字照相兼摄像两用机，但其主要功能还是具有明显的倾向性，兼顾的功能只能适用于很一般的非专业用途。如SONY PC 10 数字摄录像机兼有拍摄照片的功能，但照

片的分辨率只有768 × 576像素。数字照相机兼备的摄像功能，一般只能摄制10分钟左右的动态场景。

4.3.1 数字照相机的类型

数字照相机的类型，可根据性能 / 价格比分为三个档次，即普及型、高级型和专业型。衡量它们的主要标志是看CCD包含的像素数目的大小，一般CCD像素数目越大，照相机生成图像和色彩的能力就越强，档次也越高。

(1)普及型数字照相机

普及型数字照相机的分辨率较低，至少是640 × 480或800 × 600素像。这样的分辨率在电视机或计算机的显示器上观看还是可以的，也可以用作网页制作，但是要想打印输出成照片，分辨率偏低，效果很差。此类数字照相机现在逐渐退出消费市场。

(2)高级型数字照相机

高级型数字照相机主要用于一般的商业用途和对照片质量要求较高的单位及家庭用户。这类相机是目前市场销售的主流。

高级型数字照相机的CCD包含300万以上的像素，相机的分辨率一般在1 600 × 1 200～2 304 × 1 704素像之间。2002年以来，一些新型号的数字照相机达到500多万像素，分辨率可达2 048 × 1 536甚至2 304 × 1 704像素，这种等级的分辨率直接打印输出，可确保10～12吋的高质量照片，如进行适当的色彩插值，还可以获得更大幅面的打印效果，也可用作32开至16开图片的印刷制版。

近年来生产的高级数字照相机，在相机的功能上作了很大改进。由于采用了全新的TurePic技术，能够产生更加接近真实的图像色彩、色调和适当的对比度。一些相机设置了色彩补偿模式，可作图像的亮度及对比度补偿；10万以上像素的彩色液晶显示屏，图像清晰色彩逼真；非球面单反3倍或4倍光学变焦镜头，变焦范围相当于35mm相机的36～115mm镜头甚至更长。尼康和索尼的一些款式的数字相机，还具有近摄功能，可拍摄2cm近的局部或超小目标的照片；图像分辨率可选择高质量的Tiff非压缩格式，也可选择几种不同压缩比的JPEG格式，具有较大的自由度；存储器可选择16MB、32MB、64MB及128MB的通用Compact Flash存储卡或其他存储卡；测光方式采用TTL智能测光系统，可选用矩阵测光、偏重中央测光和重点测光；光圈能电子自动控制，有的相机还可手动调节；快门速度也能实现自动和手动控制，达到8～1/10 000s，另有10～12s及2～3s的延时自拍；有的相机可进行高速连续拍摄；白平衡已实现全自动TTL/手动设置；曝光控制有程序自动曝光、光圈先决自动和快门先决自动曝光，手动曝光，还设有曝光补偿，感光度有相当于ISO 100、200、400、800的自动或手动调节；内置闪光灯具有自动闪光、强制闪光、禁止闪光、慢同步闪光和消减红眼闪光，还可外接同步闪光灯等等。这些功能已足够非专业或半专业人员的使用。高级型数字照相机适用于摄影、学校、公安、部队、新闻、景观园林、室内设计、平面设计等行业的一般用户。（图 4.3.1–1～图 4.3.1–4）

(3)专业型数字照相机

专业型数字照相机身价很高，有1万元甚至20多万元人民币不等。超高分辨率是这类相机的首要标志，一般CCD包含的像素可达到几百万像素。如，NiKon（尼康）DCS–460数字照相机，它采用NiKon N90机身，有一块含600多万像素的阵列CCD，图像的最高分辨率可达到3 060 × 2 036像素，基本胜任小画面出版印刷的需要，是20世纪末世界上能够随身携带的分辨率最高的数字照相机之一。这款相机采用12 bit色，SCSI下载接口，可兼容Mac和PC两种计算机。还有的数字照相机为了提高像素数，采用多块CCD设计。Minolta（美能达）RD – 175就采用了3块380万像素的CCD，集合起来能产生极高的像素。

2002年5月，NiKon（尼康）D100问世，它的CCD有效分辨率为600万像素，尺寸为23.7mm × 15.6mm，但价格却比20世纪的高端数字照相机便宜了近10倍。D1X是NIKON D1的改进版专业数字相机，它拥有547万像素的CCD和64MB的CF卡内存。解像度高达 2 012 × 1 324 有效像素，专业档次的快门和先进的自动对焦系统，通过NiKon（尼康）F镜头环，可以连接多达80

4.3.1—1　美能达 DiMAGE 7Hi 数字相机，它能产生 500 万有效像素

4.3.1—2　美能达 DiMAGE 7i　数字相机。它能产生 500 万有效像素

4.3.1—3　索尼 2003 年 5 月新品 DSC—U60 数字相机

4.3.1—3　4.3.1—1　4.3.1—2

次的快门和先进的自动对焦系统，通过NiKon（尼康）F镜头环，可以连接多达 80 余种的 AF 及其他 AF 专业光学镜头，充分的体现了这款相机的专业性能和优秀的可扩充性。

Canon（佳能）EOS D60，是一款高性能的六百万像素专业单反数字相机，它拥有629万有效像素的CMOS图像传感器，可以得到高达 3 072 × 2 048 分辨率的照片，相当于在 300dpi 情况下，印刷 26.01cm × 17.34 cm 的印刷品。这是当时全球第一款采用与底片一样大小 CCD 的单反数字照相机。

Atmel ®公司 2003 年 2 月宣布一款分辨率达到八百万像素的 AT71200M CCD 成像芯片，高分辨率与高动态范围是这款大尺寸CCD的特点，这块CCD将开启了全画幅CCD(与35mm的成像面积一样大)的新纪元。这款CCD将满足那些需要高质量的成像效果的专业人士，他将被广泛应用于技术摄影，包括缩微复制，X 射线摄影等。

21 世纪初，Kodak（柯达）公司诞生了第一台分辨率最高的“一次过拍摄”的专业数字相机背 DCS Pro Bake，它能产生 160 000 像素的高质量照片（4 080 × 4 080 像素），可印刷 34.54cm × 34.54cm 的精美图片，堪称“全球之最”，足以胜任一般出版印刷的需要。(图 4.3.1—5)

在 2002 年 9 月份的 Photokina2002 上，Kodak（柯达）公开了其重量级产品——具备 1 371 万像素的DCS Pro 14n单反数字相机，时隔半年，在 2003 年 3 月 IPPF 2003 大会上，柯达公司再次展示该款相机。DCS Pro 14n 使用了 35mm 1 371 万像素 CMOS，拍摄分辨率最大支持 4 500 × 3 000 像素，采用 SD/MMC 存储卡进行图像存储。(图 4.3.1—6[正面]，图 4.3.1—6［背面］)

专业型数字照相机还有一个特点，就是集中了传统胶片相机的各种优点，并可共用传统照相机的镜头。如 NIKON D1 数字相机，通过尼康F镜头环，可以连接多达 80 余种的 AF 及其他 AF 专业光学镜头。传统照相机先进的自动对焦和曝光系统、外接专业智能化闪光灯，与数字照相机机背快速的数据存储、可选择的高容量存储卡等优势综合到一起，使数字摄影变得方便、快捷，足以跟 135 及 120 传统胶片（银盐）摄影相媲美。

专业型数字照相机中还包含演播室型数字照相机，它的主要特点是采用线性 CCD 图像传感器。由于它的线性 CCD 分辨率极高，拍摄时产生大容量的数据，在拍摄过程中需要与计算机相连接，不适于外出携带。因为它在拍摄的扫描过程中需长时间的曝光，不能进行闪光摄影，只适用于光线充足的室内拍摄静止图像。线性CCD数字照相机虽然有所局限，但它结构简单，能产生清晰度极高的图像，拍摄的画面质量优于阵列CCD数字照相机，适合拍摄大尺寸的画面，如海报、产品及大幅面广告等。

4.3.2 数字照相机的色彩、图像质量

(1)色彩模式与色彩的位深度

普通型、高级型数字照相机都采用了8 bit颜色、RGB色彩模式，只有专业型数字照相机采用12 bit或更高的色彩位深度。

数字照相机标示的色彩位深度是指每个色彩通道的色彩位数，如8 bit色的色彩，就是表示R、G、B每个色彩通道具有2^8色彩，即256色，RGB合在一起就是$2^{8\times3}$，即2^{24}，就是我们通常说的24位（bit）真彩色，它可以达到16 777 216种颜色。几乎所有专业型数字照相机，其色彩标示都可达到12 bit，也就是每个色彩通道拥有2^{12}，即4 096色，R、G、B三色合在一起就是$2^{12\times3}$，即2^{36}，就是通常说的36位（bit）真彩色。这里的36位真彩色，实际上已经不真实（超真实），它只能记录比24位更加细腻完美的色彩。

需要指出的是，在目前常用的计算机图像软件中，一般不能编辑12 bit彩色的图像。如果要在Photoshop中编辑12 bit的照片，必须在照片下载后再把图像转换为8 bit彩色，然后再进行图像处理。其原理可参见本书 第三章 3.1“数字色彩与经典色彩的色域分析。”

(2)图像的质量选择、分辨率及压缩方式

数字照相机的画面质量是可以自主选择的。较低档的数字照相机画面质量模式一般有FINE（精细）和STANDARD（标准）两种，较高档的数字照相机一般设有HI、FINE、NORMAL和BASIC或SHQ、HQ、SQ三种质量模式。

HI和SHQ中的Tiff是Tiff格式的非压缩质量模式，用它保存的照片质量最好，占据存储空间也大，高级型数字照相机每张照片大约需要8 MB存储空间，一张32 MB的存储卡，只能保存4张照片。这种非压缩照片的图像分辨率，与相机的最大分辨率一致。

FINE和SHQ压缩格式，采用JPEG压缩方式，压缩比为1：4，一张16 MB的存储卡能保存16张1 600 × 1 200像素的照片，这种压缩比的图像，可在电脑中改用高质量、低压缩的方式存盘，仍然可得到较高色彩质量的图像。要求高的家庭照片和一般非高精度印刷，可选用这种压缩格式来拍摄照片。

NORMAL和HQ压缩格式，同样采用了JPEG压缩方式，压缩比增大至1：8，一张16 MB的存储卡能保存32张1 600 × 1 200的照片。这种压缩比产生的图像，损失的颜色和图像灰度层次适中，由于它的相对存储量较大，适用于对色彩和图像要求不高的外出旅游、学习及家庭拍照。

BASIC和SQ压缩格式，除了压缩比降低至1：16以外，还降低了照片的分辨率至640 × 480像素或800 × 600像素，一张16 MB的卡能存储64张甚至更多的照片，这时的图像色彩和灰色层次都较差。

4.3.3 数字照相机的图像输出

数字照相机拍摄的照片，只有输出（下载）到计算机或打印机，数字照片才得以最终实现。

大多数数字照相机的用户，都希望先把数字图像数据下载到计算机内，经过处理后再进行打印或其他方式的输出。目前，数字照相机图像数据的输出（下载）方式，可分为接口传送方式、存储卡传递方式及视频传送方式。

(1)接口传送方式

数字照相机上都设有与计算机连接的串行或USB接口，并配有连接电缆，只要装入配带的下载软件就可以将相机里的图像数据传送到计算机硬盘里。

(2)存储卡传递方式

可移动式存储卡有多种形式，各种不同的存储卡采用的传递数据的方式也有差别。目前流行的有Compact flash卡（简称闪存卡）、SD存储卡（简称SD）和记忆棒（简称MS），可使用一种USB接口的读卡器与计算机USB接口相连接，USB支持热插拔，不需关闭计算机电源，传输速度很快。读卡器经安装相应的软件并接通后，Windows的“资源管理器”或“我的电脑”中，会出现一个“可移动磁盘”的图标，在读卡器里卸载或拷入图像数据，就跟在软盘里操作文件一样，简单、快捷、方便。记忆棒则可以直接从数字照相机里下载。

(3)视频输入方式

近年来出产的高级型数字照相机多配有视频输出连接插口，可以把图像或短简的连续影像输入到电视机或计算机。数字照相

机也可以通过视频输出接口与录像机相连接，把输出的数据直接存入录像带或录像光盘中。

4.3.4 数字摄像机的色彩获取

早在数字照相机和扫描仪问世之前，便有了数字摄像机。是它的CCD固体摄像器件技术，启发了数字照相机和扫描仪技术的发展。

数字摄像机发展到20世纪末，产生了数字摄像录像融合一体的数字摄录机。由于专业级与广播级的数字摄录机价格昂贵、技术复杂，我们仅讨论DV格式的家用摄录机。

家用摄录机俗称“掌中宝”，使用宽度为6.35mm、厚度为7μm具有较高耐强度和较高磁性能的低噪声高输出金属蒸镀型磁带。带盒规格有两种：标准型尺寸125mm × 78mm × 14.6mm，迷你型尺寸66mm × 48mm × 12.2mm，记录时间分为30分钟和60分种。DV格式数字摄录机的图像水平分辨率为530线，信噪比高达54DB，达到了广播级的下限指标。图像清晰度高、色彩还原逼真，音响效果好，这些都是DV格式数字摄录机的重要特点。

SONY DCR－PC 10E等型号的掌中宝除了拍摄连续的动态画面，还可以Photo方式拍摄静态图像，在一盘60分钟的录像带上，可以SP方式拍摄约510张照片。所拍摄的动态和静态画面，都可以通过S－Video视频输出或A/V 连续电缆输出到电视机或录相机上。如果要进行非线性编辑，可通过摄录机上DV输入 /

4.3.1–4 索尼2003年5月新品 DSC–U30数字相机

4.3.1–5 Kodak（柯达）DCS Pro Bake数字相机后背。它能产生160 000有效像素的高质量照片（4 080 × 4 080像素）

4.3.1–6 [背面] Kodak（柯达）DCS Pro 14n单反数字相机，它能产生1 371万有效像素，拍摄最大分辨率4 500 × 3 000像素

4.3.1–6
4.3.1–4
4.3.1–5

输出接口（1 394接口），也可用S–video端子，通过计算机上的数字视频编辑卡，把影像数据输入计算机，然后用Adobe Premiere等软件编辑、处理所下载的影像。静止图像的分辨率要视数字视频编辑卡的质量而定，一般可达到768 × 576像素。

4.3.1–6 [正面]
Kodak（柯达）DCS Pro 14n单反数字相机，它能产生1 371万有效像素，拍摄最大分辨率4 500 × 3 000像素

4.3.1–6

参考文献：

[1] (德)H.–O.派特根,P.H.里希特，分形—美的科学[M]，北京：科学出版社，1994
[2] 刘远航等，数字照相机选购、使用及数字图像处理指南[M]，杭州：浙江科学技术出版社，1999

第五章 数字色彩模型与色彩转换

由于电子计算机工作特性的局限，我们只能同时在一种“色彩模型”下工作，而视觉设计是无限的，它要求突破这种局限。数字色彩模型的可转换性，为我们使用计算机设计色彩提供了更大的自由度。

5.1 数字色彩模型及其表达

“色彩模型”（color mode）这一术语，在计算机应用领域里也是混用得较多的概念之一。在计算机图形学里，“颜色模型是一个三维颜色坐标系统和其中可见光子集的说明。使用颜色模型的目的是为了在一个定义的颜色域中说明颜色。由于任何一个颜色域都是整个可见光的一个子集，所以任何一个颜色模型都不能说明所有的可见光。”[1] 因此，计算机图形学介绍的色彩模型，有GRB色彩模型、CMY色彩模型、YTV（YIQ）色彩模型、HSV色彩模型，有的还含有HIS色彩模型等。

而在计算机常用软件包中，“色彩模型”（color mode）是用来描述某种色彩表达方式的，除了上述的四种色彩模式外，“黑白位图”、“灰度色彩”、“双色调色彩”，甚至“缩引色彩”也都被冠以“色彩模型”。为了区别计算机图形学和实用软件包中两种不同意义的“色彩模型”，我们把后一类不具备真正意义的四种“彩色模型”，改称为“色彩表达方式”，让它与前面真正的“色彩模型”（color mode）相区别。

5.1.1 RGB——加色混合色彩模型

前面我们已经提到，基于色彩的三刺激理论，人类眼睛的视网膜中假设存在三种锥体视觉细胞，它们分别对红（Red）、绿（Green）、蓝（Blue）三种色光最敏感。根据人眼光谱灵敏度实验曲线证明，这些光在波长为630 nm（红色）、530 nm（绿色）和450 nm（蓝色）时的刺激达到高峰。通过光源中的强度比较，我们感受到光的颜色。这种视觉理论是使用三种颜色基色：红（R）绿（G）蓝（B）在视频监视器上显示颜色的基础，称之为 RGB 色彩模型。

计算机彩色显示器是典型的RGB色彩模型。RGB色彩模型用一个三维笛卡儿直角坐标系中的立方体来描述，RGB色彩框架是一个加色模型，模型中的各种颜色都是由红、绿、蓝三基色以不同的比例相加混合而产生的。在这个立方体中，坐标原点（0，0，0）代表黑色，坐标顶点（1，1，1）代表白色，坐标轴上的三个顶点分别代表红、绿、蓝三基色，而剩下的另外三个顶点分别代表每一个基色

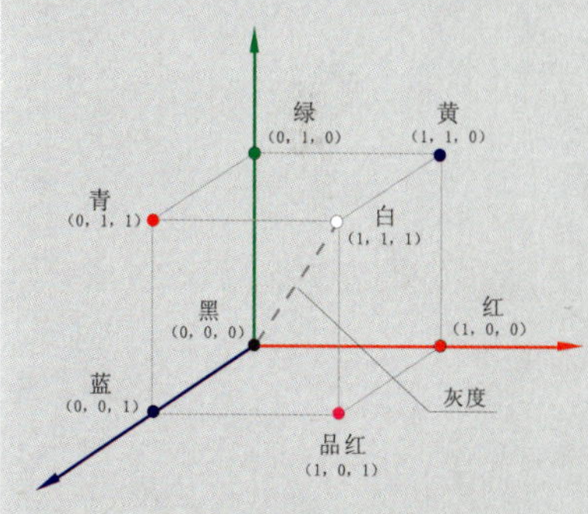

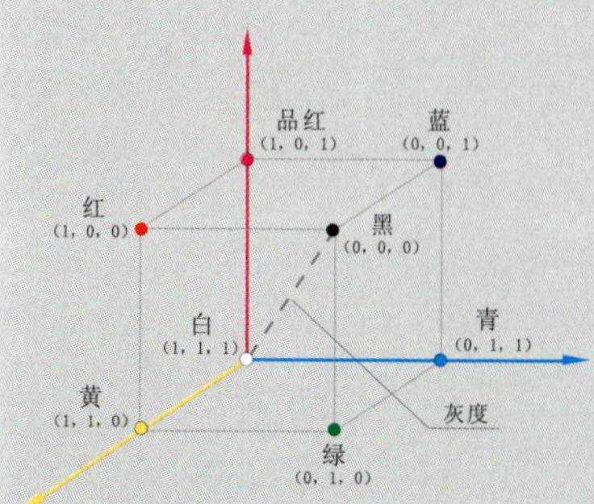

5.1.1–1 用笛卡儿直角坐标表示的RGB三维色彩模型

5.1.1–2 用笛卡儿直角坐标表示的CMY三维色彩模型

5.1.1–1
5.1.1–2

的补色：青、品红、黄。（如图5.1.1-1）由于在RGB模型立方体的主对角线上红、绿、蓝三色的比例相同，它们混合后产生灰色，因此这条对角线上的颜色，是由黑色到白色过渡的一条灰色色带，红、绿、蓝三色的成分越多，颜色就越趋向白色；成分越少，就越趋向黑色。

5.1.2 CMY——减色混合色彩模型

青（Cyan）、品红（Magenta）、黄（Yellow）分别是红（R）、绿（G）、蓝（B）三色的互补色，是硬拷贝设备上输出图形的颜色，如彩色打印、印刷等。它们与荧光粉组合光颜色的显示器不同，是通过打印彩墨（ink）、彩色涂料的反射光来显现颜色的，是一种减色组合。由青、品红和黄三色组成的色彩模型，使用时相当于从白色光中减去某种颜色，因此又叫减色系统。

在笛卡儿坐标系中，CMY色彩模型与RGB色彩模型外观相似，但原点和顶点刚好相反。坐标原点（0，0，0）代表白色，坐标顶点（1，1，1）代表黑色，坐标轴上的三个顶点分别代表青、品红、黄三基色，而剩下的另外三个顶点分别代表每一个基色的补色：红、绿、蓝。（如图5.1.1-2）由于在CMY模型立方体的主对角线上青、品红、黄三色的比例相同，它们混合后产生灰色，因此这条对角线上的颜色，是由白色到黑色过渡的一条灰色色带，青、品红、黄三色的成份越多，颜色就越趋向黑色；成分越少，就越趋向白色。

CMY模型中的颜色是从白色光中减去某种颜色，而不是像RGB模型那样，是在黑色光中增加某种颜色。

因此，CMY三种被打印在纸上的颜色，我们可以理解为：

青（C）＝白色光－红色光

品红（M）＝白色光－绿色光

黄（Y）＝白色光－蓝色光

由于白色光是由红、绿、蓝三色光相加得到的，上面的等式可以还原为我们常用的加色等式：

青（C）＝（红色光＋绿色光＋蓝色光）－红色光＝绿色＋蓝色

品红（M）＝（红色光＋绿色光＋蓝色光）－绿色光＝红色＋蓝色

黄（Y）＝（红色光＋绿色光＋蓝色光）－蓝色光＝红色＋绿色

在彩色打印及彩色印刷中，由于彩色墨水、油墨的化学特性，色光反射和纸张对颜料的吸附程度等因素，用等量的CMY三色得不到真正的黑色，所以在CMY色彩中需要另加一个黑色（Black，记为K），才能弥补这三个颜色混合不够黑的问题。因此在实际应用中，CMY色彩模式就改为CMYK色彩模型。

5.1.3 HSV(HSB)——用户直观的色彩模型

RGB、CMY都是硬件设备使用的彩色模型，对于习惯了使用画笔和颜料的艺术家来说，它们抽象而较难理解。HSV（HSB）色彩模型使用了用户直观的颜色描述方法，用色相（Hue，记为H）、色饱和度（Saturation，记为S）和色明度值（V）这些易于理解和直观的参数，来建立与艺术家使用颜色习惯相近似的色彩模型。

HSV色彩模型的六角形平面是从CMY立方体演变而来，如果我们沿着CMY立方体的对角线从黑色顶点向白色原点观察，就可以看到如图5.1.3-1所示的立方体六边形外形。这个六边形

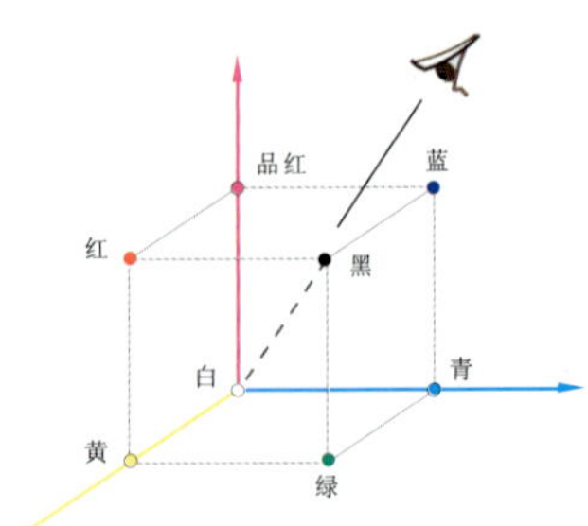

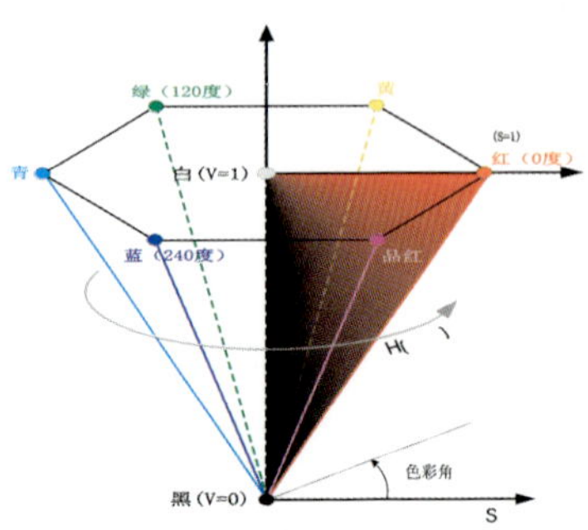

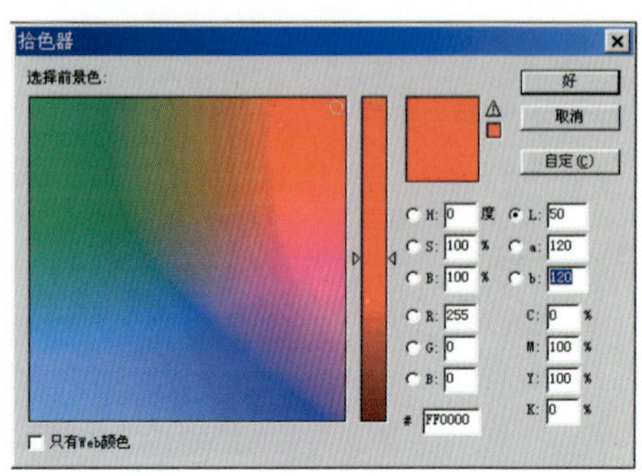

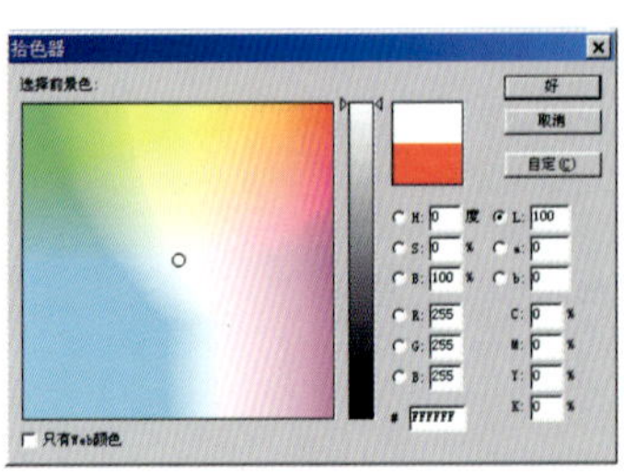

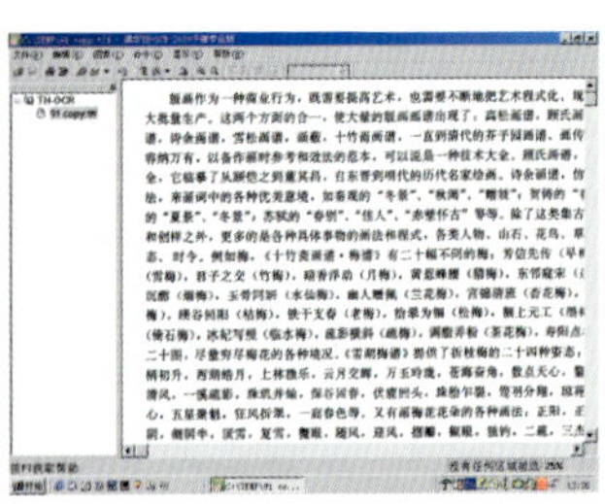

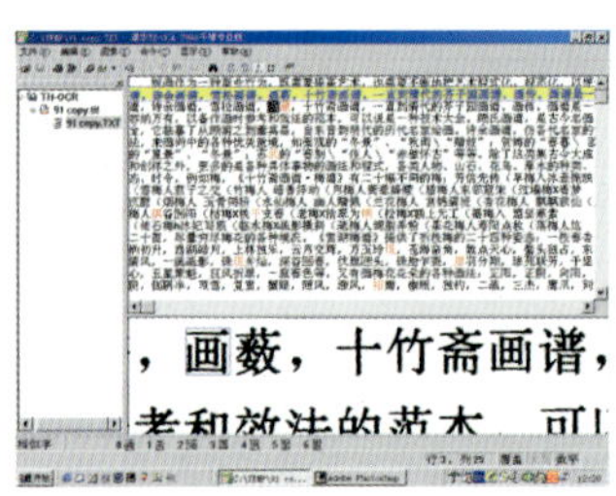

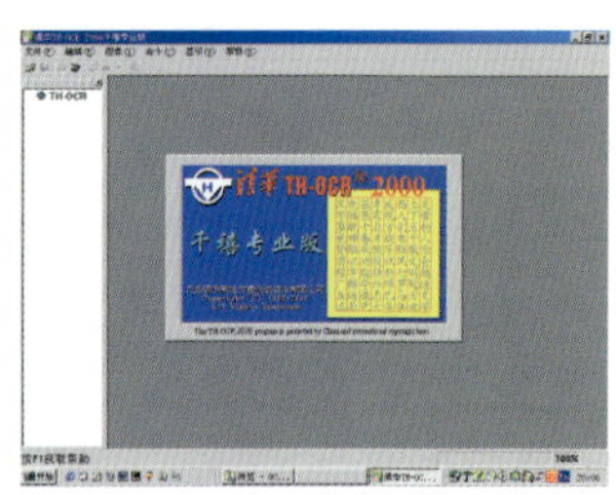

5.1.3–1 CMY 立方体影射的六边形平面．田少煦
5.1.3–2 HSV 色彩模型（六棱锥）．田少煦
5.1.4–1 用 Lab 色彩模型选取的颜色（当 L=50，a = 120，b = 120）
5.1.4–2 用 Lab 色彩模型选取颜色（当 L=100，a = 0，b = 0）
5.1.5–1 黑白位图．田少煦
5.1.5–2 清华紫光 HP–OCR 2000 版 光符识别软件界面
5.1.5–3 OCR 光符识别前的点阵文字
5.1.5–4 OCR 光符识别后的编改状态，右上部为 OCR 光符识别后的矢量文字，右下部为放大的被编改的点阵文字
5.1.5–5 8 bit 扫描得到的 256 级灰度颜色
5.1.5–6 10 bit 扫描得到的 1 024 级灰度颜色
5.1.5–7 12 bit 扫描得到的 4 096 级灰度颜色

5.1.5–8 CMYK 全彩色建筑室内图片
5.1.5–8〔1〕 这幅 CMYK 全彩色图片中的 K 颜色通道与 C 颜色通道打印效果
5.1.5–8〔2〕 这幅彩图双色调的黑色与 PANTONE 306 C VC 色的效果

5.1.5–1	5.1.5–5 5.1.5–6
	5.1.5–8 5.1.5–8〔1〕5.1.5–8〔2〕
5.1.3–1 5.1.3–2 5.1.4–1 5.1.4–2 5.1.5–2 5.1.5–3 5.1.5–4	5.1.5–7

影射的平面，就用于 HSV 六棱锥的顶部六边形。

HSV（HSB）色彩模型用一个倒立六棱锥来描述（如图 5.1.3–2）。六棱锥的顶面是一个正六边形，延 H 方向作圆周运动表示色相的变化，六边形的边界表示最高饱和度的不同的色相，六边形的六只角，分别代表红（R）、黄（Y）、绿（G）、青（C）、蓝（B）、品红（M）六个颜色的位置，每个颜色之间相隔 60°。沿这个由六边形中心向六边形边界（S 方向）作水平运动，表示颜色的饱和度（S）变化，S 的值由 0～1 变化，越接近六边形外框的颜色饱和度越高，越接近中心的颜色饱和度越低；处于六边形外框的颜色是饱和度最高的颜色，即 S = 1；处于六边形中心的颜色饱和度为零，即 S = 0。六棱锥的高（也即中心轴）用 V 表示，它从下至上表示一条由黑到白的灰色，V 的底端是黑色，V = 0；V 的顶端是白色，V = 1。在 HSB 色彩模型中，B 的值实际上与 V 完全相同，可看作是与 HSV 相同的色彩模型。

HSV（HSB）也称为艺术家色彩模型，它适合艺术家使用，适合消除数字色彩与传统颜料色彩之间的沟通障碍。

5.1.4 Lab——不依赖设备的色彩模型

以上三种色彩模式都依赖于计算机设备而存在，设备变化了，这些色彩也会跟着变化，如果一个色彩图形从一个计算机环境转移到另一个不同的计算机环境，颜色就会走样，有时会变得面目全非（同是一张数字照片，在Photoshop 里打开和在 corel DRAW 里打开，色彩显示会不同，如果直接打印，效果差别更大）。为了使数字色彩在不同的硬件环境里保持不变，科学家们使用了CIE的Lab色彩模型，它可以在不同的计算机系统中交换图形色彩，以及打印到页面描述语言PostScript Level 2的输出设备上，从而保持了图形和色彩的始终如一。

Lab色彩模型是由照度（L）和有关色彩的a、b三个要素组成。L表示照度（Luminosity），相当于亮度，a表示从红色至绿色的范围，b表示从蓝色至黄色的范围。L的值域由0到100，L ＝ 50时，就相当于50％ 的黑；a和b的值域都是从+120至−120，其中+120 a就是红色，渐渐过渡到−120 a的时候就变成绿色；同样原理，+120 b是黄色，−120 b是蓝色，所有的颜色就以这三个值交互变化所组成。例如，一块色彩的Lab值是L= 100，a = 20，b ＝ 0，这块色彩就应该是粉红色。

Lab色彩模型除了上述不依赖于设备的优点外，还具有它自身的优势：色域宽阔。它不仅包含了RGB，CMY的所有色域，还能表现它们不能表现的色彩。人的肉眼能感知的色彩，都能通过Lab色彩模型表现出来。另外，Lab色彩模型的绝妙之处还在于它

弥补了RGB色彩模型色彩分布不均的不足，因为RGB模型在蓝色到绿色之间的过渡色彩过多，而在绿色到红色之间又缺少黄色类和其他色彩。（图 5.1.4−1，图 5.1.4−2）

如果我们想在数字图形的处理中保留尽量宽阔的色域和丰富的色彩，最好选择在Lab色彩模型里进行工作，待图像处理完成后，再根据输出的需要转换成RGB（显示用）或CMYK（打印及印刷用）色彩模型，在Lab色彩模型里工作，计算速度比RGB稍微快一点，但比CMYK 要快很多。这样做的最大好处是它能够在最终的设计成果中，获得比任何色彩模型都更加优质的色彩。

5.1.5 其他色彩表达方式

除了上述四种常见的色彩模型外，计算机还有几种储存色彩的方法，可称之为“色彩表达方式”。色彩表达方式有黑白位图（Bitmap）、灰度色彩（Grayscale）、双色调（Duotone）和缩引色彩（Indexed Color）。

(1)黑白位图(Bitmap)

黑白位图是最简单的色彩表达方式，图像中只有黑白两种色彩变化，它的每个像素占用1个bit的储存器，只能表达开和关两种状态，所以它的色彩位深度是1 位（bit）。用这种色彩表达方式储存的数字图形，文件很小，它一般只能存为TIF和BMP文件格式。黑白位图最适合表现线描图形，也是OCR光符识别文字扫描的最常用的色彩方式（OCR光符识别，就是先用扫描仪把报刊、书籍或手写稿上的文字扫描下来，然后通过OCR光符识别软件，把这些扫描得到的点阵图形文字转换成可以在word等文字编辑软件里编辑的矢量文字）。（图 5.1.5−1～图 5.1.5−4）

(2)灰度颜色(Grayscale)

灰度颜色也叫灰阶颜色，它的色彩效果就像具有灰色层次的黑白照片。常用的灰度色彩是8位（bit）图像，就是每个像素能表达2的8次幂，即256种灰度颜色。也就是把白色定义为0，把黑色定义成255，从白到黑有256个过渡等级。假如一张灰度图像由1 000个像素组成，每个像素都有256种灰色的显色能力，那么在这张1 000像素占据的范围内，就可以还原一张由256种灰色构成的黑白照片。

对于非常精密并且要求色彩层次丰富的灰度图像，在扫描时可选用10 bit或12 bit灰度色彩来扫描，这样从理论上可获得1 024或4 096个等级的灰度色彩。虽然计算机的显示器只能显示256级灰色，但从更多级数的灰色里过滤后得到的256色，比本身只有256色的效果更佳。下面是同一张照片分别用8 bit\256级扫描，与10 bit \1 024级扫描、12 bit \4 096级扫描得到的不同灰度颜色的比较。（图 5.1.5−5～图 5.1.5−7）

(3)双色调颜色(Duotone)

双色调是一种完整的灰度图像颜色与点色（spot color，在印刷中也称为专色）分开打印成二者混合效果的色彩表达方式。如果是用黑色（灰度色彩）与桔红点色二色构成双色调来表现一幅图像，其效果就像用熟褐颜色画单色素描。它所表达的色彩明暗层次和清晰度，远比CMYK打印或黑白灰度打印要强得多。因为一台普通的激光打印机只能提供26至65的明暗度值，在打印过程中大约有30％的明暗度会丢失。双色调可以通过两种至四种油墨的打印，来弥补这种明暗度的过多损失。

图5.1.5−8是一幅CMYK彩色建筑室内图片，图5.1.5−8〔1〕是这幅彩图中CMYK的K 颜色通道与C 颜色通道的打印效果；图5.1.5−8〔2〕则是这幅彩图双色调的黑色与PANTONE 306 CVC色的效果。由此可看出三者的差别。图5.1.5−9与5.1.5−9〔1〕和5.1.5−9〔2〕也如此。

(4)缩引颜色(Indexed Color)

缩引颜色是一种指定的色彩表达方式，它可以在尽量忠于原图像色彩的情况下，大量减少颜色的数目，使之节省存储空间或把图像改为其他限定的应用范围。如目前网上使用的GIF文件格式就限定为256色。

缩引色彩最高也只能生成8位（bit）色彩，即256色。其色彩的可调整范围是2色至256色。（图 5.1.5−10[1]，图 5.1.5−10[2]）

5.2 色彩模型的转换及色彩修正

各种色彩模型适合于不同情况下的数字色彩与数字图形处理，当这些情况（如使用目的、图形与色彩的质量要求等）发生变化时，就要求从技术上转换成相应的色彩模型。

5.2.1 由 RGB 色彩模型转换为 CMYK 色彩模型

如果不进行事前的特别设置，我们从扫描仪、数字照相机、数字摄像机、光碟图库以及直接在计算机上绘制的数字图形和数字色彩，都会以RGB色彩模型来显示。因为它是计算机显示器显示色彩的真正色彩模型，其他色彩模型都是在它的基础上衍生而来的。

假如你设计的图形和色彩是以彩色显示为目的，那么从开始设计到结果，都可以始终如一地使用GRB色彩模型，只有当你设计的结果需要以彩色印刷、打印为最终目的时，才需要把RGB色彩模型转换为 CMYK 色彩模型。

由于CMYK 的色彩模型的色域比RGB色彩模型的色域窄小，当把 RGB 色彩模型下绘制的图形和色彩转换成 CMYK 色彩模型后，会损失部分色彩。为了减少这种损失，不要在处理图形之前或过程中事先转换RGB色彩模型，而要当全部的图形、色彩、特技、文字都处理完毕后，最后输出时才把RGB色彩模型下绘制处理的图形转换成 CMYK 色彩模型。

RGB 色彩模型的计算速度也快于 CMYK 色彩模型的计算速度，有的国外计算机书上说前者的速度比后者快好几倍。笔者曾做过试验，在 Photoshop 6 中处理一般的 TIF 或 JPG 数字图形，RGB 比CMYK 色彩模型下的计算速度大约要快 100%～200%，图形文件越大，速度相差就更大。

5.2.2 Lab 色彩模型在色彩转换中的优越性

从色域的角度来看，CMYK 色彩模型色域小于RGB色彩模型的色域，RGB 色彩模型色域又小于Lab 色彩模型的色域。从理论上讲，Lab 色彩模型包含了所有肉眼能分辨的不同颜色，计算机工程师们把Lab色彩模型定为各种色彩模型转换的基础，无论是由RGB 转换为 CMYK，或由 CMYK 转换为 RGB，计算机都在内部首先把它们先换算成基础的 Lab 色彩，然后再按人们指定的色彩模型进行转换。但在目前的民用计算机软、硬件中，这种事先的内部换算是极为有限的，Photoshop 就是典型的例子。

因此，经验丰富电脑设计师还是喜欢在开启一张新图后，第一件事就是先把它转换成Lab色彩模型，等全部的图片处理工作完成后，输出前才把图转换成需要的色彩模型。这样就尽可能能减少由色彩模型的转换而造成的色彩损失，因为每进行一次色彩模型的转换，色彩大约会损失 10%左右，转换的次数越多，色彩损失就越大。特别是制作高精度的大幅面印刷海报或广告时更应如此。

5.2.3 由 RGB 或 CMYK 色彩模式转换为灰度颜色

在 Photoshop 里，RGB 色彩模型的彩色图像 R、G、B 分别有三个 8 位（bit）的色彩通道。当我们在通道面板里用“分离通道”命令（英文版的 channels，面版里执行 split channels）把色彩图像按各个通道分解成R、G、B三个单独的画面时，我们会惊奇地发现每个彩色通道原来都是 8 bit 的灰度图！（CMYK 色彩模型的彩色图像同理也是 C、M、Y、K 四个灰度色彩通道）。这是因为 psotoshop 不是把真彩色图像作为单一的 24 bit 像素的集合来看待，而是把它们分解或三个 8 bit 像素的“带”，每个“带”就像一个单独的灰度图，并相对应它代表的那种颜色的打印墨色

5.1.5-9　CMYK 全彩色图片，伦佐.皮亚诺，关西机场候机楼 日本大阪，世界建筑导报，2000，02，32

5.1.5-9［1］　这幅 CMYK 全彩色图片中的 K 颜色通道与 C 颜色通道打印效果

5.1.5-9［2］　这幅彩图双色调的黑色与 P-ANTONE306 CVC 色的效果

5.1.5-10［1］　CMYK 与索引颜色比较（CMYK 色），田少煦

5.1.5-10［2］　CMYK 与索引颜色比较（索引色），田少煦

5.1.5-9：5.1.5-9［1］，5.1.5-9［2］，5.1.5-10［1］，5.1.5-10［2］

(ink)。严格地说，Photoshop目前的版本只能处理每个色彩通道等于或小于8 bit 的图像。

当我们把RGB或CMYK色彩模型转换为灰度颜色时，实际上就是把3个或4个彩色的通道整合在一个灰度色彩通道里。如果我们取一个CMYK图像中的K通道，跟将这个图像转换成灰度色彩后的通道作一个比较，可明显地看出二者区别。(如图5.2.3–1；图5.2.3–2)如果把只有一、两个色彩通道的彩色图像转换成灰度图，这个灰度图就是一、两个色彩通道明度值的集合。

图5.2.3–1：CMYK的K通道只是为了弥补CMY三原色减色混合后的黑色不足而附加的部分黑色，它不包括C、M、Y三色相互混合能产生的那部分灰色和C、M、Y三色本身的明度值，因此色彩不完整。

图5.2.3–2：灰度图表现的是包括CMYK在内的所有颜色的明度值，它只有一个8 bit的色彩通道。

5.2.4　由灰度颜色转换为双色调颜色

"双色调"是一种特殊的色彩表达方式，虽然它与灰度图都只包含一个8 bit的色彩通道，但在输出时却是按它其中包含的色彩数分开打印的，因此它能表现比灰度图更丰富的明暗层次。

RGB和CMYK色彩模型的图像是不能直接转换成双色调的，必须先转成灰度图，然后再转成双色调图。双色调色彩的表达方式以灰度图的灰度色彩作为基础，称"ink 1(油墨1)"，另可配置1～3种其他点色(point color)，作为油墨(ink)2或油墨(ink)3，油墨(ink)4，与灰度色彩共同构成一幅"双色调"图像。

以下是由黑、黄二色构成的双色调图像跟CMYK图像中由黑、黄二个色彩通道构成的图像以及单纯灰度图之间的比较，可看出双色调的色彩层次比其他更丰富。(图5.2.4–1，图5.2.4–2)

5.2.5　由灰度颜色或双色调颜色转换为黑白位图

由灰度色彩或双色调转换为黑白色彩，用Photoshop的命令：Image(图象)—Mode(模式)—bitmap(位图)，计算机会提示你指定转换后的图像分辨率(输出分辨率)，这可根据你的目的来确定，如果是打印或印刷，分辨率在300 dpi～400dpi为宜。另处，计算机还会让你选择四种黑白点阵的组成样式：50%阀值、图案仿色、扩散仿色和半调网屏，用来模仿灰度图的图像形状。

5.2.6　由RGB色彩模型转换为索引颜色

除了一些特殊的用途，索引色彩主要用于Web的色彩。所谓"索引"就是计算机的一种筛选基本色彩的方法，它根据用户对所要保留的色彩设定(从1 bit / 像素 — 2种颜色，到8 bit /

像素 — 256种颜色)，只保留原图中最能体现该图的基本色彩，去除其余的色彩，使色彩精练化。这种索引，是Photoshop通过产生一个色彩查找表(LUT)来实现的。它用命令Image(图像)— Mode(模式)— Indexed color(索引颜色)来实现。

索引色彩只以RGB色彩模式转换而来，不允许灰度色彩和Lab、CMYK色彩模式直接索引，必须先把这些模式转换为RGB色彩模式后，再进行色彩的索引。索引色彩也不允许在上面再次叠加索引，如果要对已索引过的色彩进行再次索引，必须把这幅图像转换成RGB模式，然后再在它上面继续进行新的索引。

5.3　数字图形的压缩、重采样以及对色彩的影响

为了节省计算机有限的包括磁盘空间在内的数据存储器，或一些应用场合不适应太大的文件运行(如Web)，我们总希望能削减数字文件的大小。计算机软件开发的科学家们根据这种愿望，创造了各种不同的压缩方式的文件格式，使我们在使用过程中免去了不少麻烦。数字文件压缩的实质，是对文件的数据压缩，它可分成两类：整个文件压缩和文件内部结构的压缩。整个文件压缩要使用专用的压缩程序，如ARJ和WinZip、WinRAR等，它们对文件从头到尾全面压缩，从而产生一个新文件，适用于长期存储和网上传输。互联网上传输长篇文本和大量图片，多用WinZip、WinRAR来压缩。但它必须要用解压缩程序进行解压缩处理，不然任何软件也无法直接使用它。

常用的文件内部结构压缩方式有RIE压缩、LZW压缩和JPEG压缩，它们与ARJ和WinZip、WinRAR压缩不同，它们本身不是一种压缩程序，而是包含在相应的文件格式中。我们这一节重点介绍这类压缩方式。

5.3.1　RLE压缩

RLE是一种运行长度编码的压缩方案，全称是Run–Length

Encodeing。它是最容易、最直观的压缩方法。简单地说，它是在读出点阵图的每个像素时，如果遇上有几个连续的同值像素，就不再记录每个像素的颜色值，而只记录一共有几个像素具有哪种相同的颜色值。图5.3.1−1是一个黑白点阵图中的一行像素，我们来看看 RLE 是怎样压缩的。

RLE 压缩一般包含在 Window 的 BMP 文件格式里，它很适合 4 bit 至 8 bit 的颜色时采用，Window 的壁纸及桌面图是它的最常用形式。另外，PCX 格式也把 RIE 压缩方式定为缺省（默认）方法。

由于RLE压缩的特点，它对于黑白点阵图的画面中含有大块相同颜色的图案型点阵图的压缩最有效，因为这类点阵图具有大量的相同的色块，而对于灰度图和彩色照片类的图像效果不好，这是由于它只能压缩一长串相同颜色的像素的缘故。

RLE 压缩是一种无损耗压缩。

5.3.2 LZW 压缩

LZW 压缩是以研制者的名字来命名的（Lempel，Zir 和 Welch），它的工作原理是读出点阵图的像素值，然后建立一个相应的编码表，记录它所发现的重复图案的数字串。因此，它很适合压缩有大块相同色彩或重复颜色图案的点阵图，图片中相同的色彩越多，压缩比就越大，最大时可压缩到原文件的 1/10。

LZW 压缩包含在 TIFF 和 GIF 文件格式中，在 TIFF 中，LZW 压缩只是一个选项，可执行可不执行；而在 GIF 文件格式中，它作为缺省（默认）方式存在。（见图 5.3.2−1）

由于 LZW 压缩替代的是数据串，而不大涉及点阵图具体的各个像素，它的压缩是无损耗的压缩。

5.3.3 JPEG 压缩

JPEG 压缩是由开发它的人们 Joint Photographic Group （联合图形专家组）命名的。与 RIE 和 LZW 不同的是，JPEG 压缩既是一种压缩方案，又是一种文件格式，它的文件扩展名是 JPG，并且是当前流行的一种能得到最有效、最基本的压缩格式，也是 Internet 上的两种常用的数字图形文件格式之一。[2]

JPEG压缩是一种有损压缩，它会使压缩前后的文件大小产生戏剧性的变化，一个压缩后的文件可以缩小到原来的百分之五大小。随着压缩比的增大，文件丢失的数据就越多。建议对于彩色打印用的数字图形文件，压缩品质选项不要低于 8（高），而对于彩色印刷用的数字图形，压缩品质选项不要低于 10（最佳），否则对于最后的输出结果会带来或多或少的影响。（图 5.3.3−1）

需要注意的是，JPEG 是一种累积压缩方案，可以在它上面累加压缩，每当把数字图形存储为 JPEG 格式时，程序都会再次对它进行压缩。假如你第一次存盘时使用的是 "8" 压缩，后来发

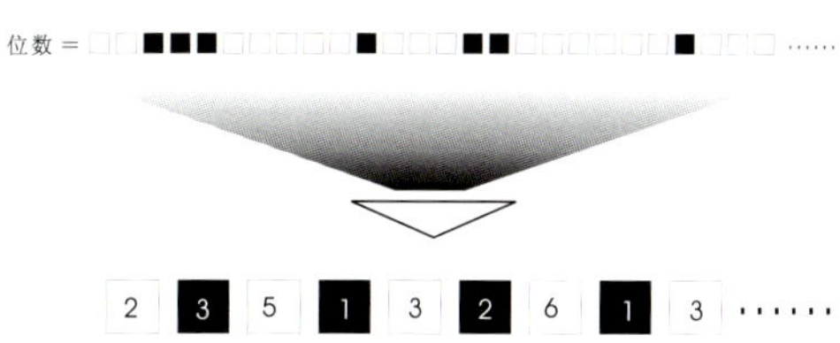

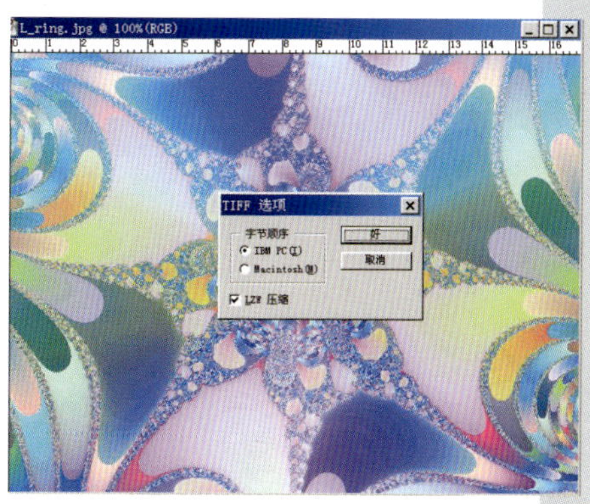

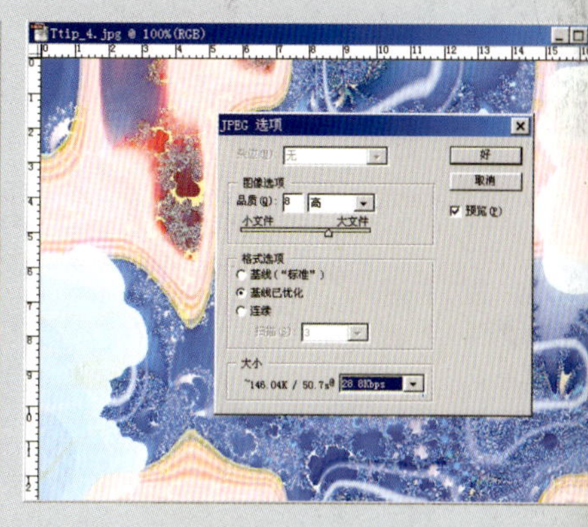

5.2.3−1 K 通道灰度颜色
5.2.3−2 整图灰度颜色
5.2.4−1 灰度图－苗族老婆婆，它只是单纯的灰度颜色．田少煦
5.2.4−2 双色调－苗族老婆婆，它是灰度图与 100% 黄色的集合．田少煦
5.3.1−1 一行像素的 RLE 压缩，田少煦
5.3.2−1 Photoshop 中的 TIFF 压缩选项设置
5.3.3−1 Photoshop 中的 JPEG 的压缩选项设置

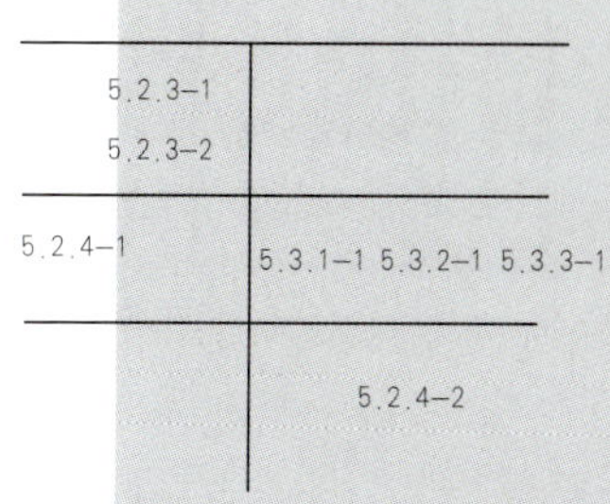

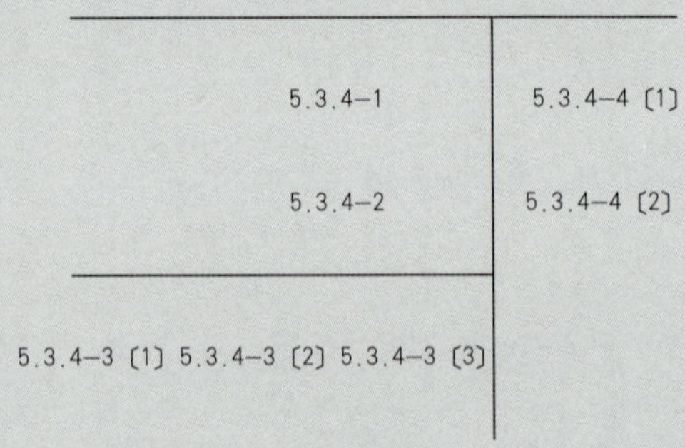

现文件还是太大，如果想把它改为"6"(高)的质量来压缩，就只能用"7"或"8"压缩，不然你用"6"再次压缩所得到的色彩质量，实际上相当于第一次在原图上用"5"压缩的结果。

用LZW、JPEG压缩后的数字图形文件，不须用WinZip等其他专门的压缩程序再压缩。有时也许可以节省廖廖几KB空间，但它耗费的时间和精力是得不偿失的。

5.3.4 重采样与色彩插值

以上的各种压缩方式是论述如何把一幅已有的数字图形变小，这是我们在设计中经常遇到的问题。但有时候情况恰恰相反，我们用作素材的数字图形太小，需要将其变大，这就涉及到点阵图的重采样。

重采样就是将一幅较小尺寸的点阵图扩大为较大尺寸的点阵图，其中的关键是要增加原图的像素。(这里需要说明另一种由"放大镜"工具放大的画面：电脑中的"放大镜"与生活中的放大镜一样，它只是一种虚幻的视觉放大，而不能放大物体的真实尺寸。譬如，我们可以用"放大镜"把一根头发放大成筷子一样粗细，但不等于这头秀发实质上变得像一只刺猬那样粗壮的毛。)

下面用一个例子来剖析重采样过程：

我们用数码照相机拍摄了一幅城市景观，得到的画面尺寸是1 600 × 1 200像素，而我们的目的是要把它印刷成一张大16开(285mm × 210 mm)的城市规划画册的封面。显然，把1 600 × 1 200像素的照片编辑成印刷所需的300 dpi输出分辨率，其画面尺寸明显不够A4(大16开)的幅面，只能达到13.55mm × 10.16mm，这就需要把这幅数字照片放大，进行实际尺寸的重采样处理。

在Photoshop中打开这张数字照片，执行Image(图像)——Image size(图像尺寸)弹出Image Size对话框，(如图5.3.4—1)

在上部的"Pixel Dimensions(像素大小)"下，我们可读得Width(宽度)：1 600像素，Height(高度)：1 200像素。在中部的"Print Size(打印尺寸)"下，可读得Width(宽度)56.44cm，Height(高度)42.33cm。

取消Resample Image(重定图像像素)复选框，让"Pixel

5.3.4–1　《牛》的原始照片，田少煦

5.3.4–2　重采样后的《牛》照片（局部），这里只选取了跟原照片一样大小尺寸的局部（1 600 × 1 200 像素），由此可见照片放大了不少。田少煦

5.3.4–3[1]　回纹 原大图

5.3.4–3[2]　回纹 放大 2 倍，这里的实际尺寸跟原图一样大，但图形比原图模糊

5.3.4–3[3]　回纹 放大 4 倍，这里的实际尺寸跟原图一样大，但图形比原图模糊了许多

5.3.4–4[1]　深圳华侨城欢乐谷霓虹灯广告 原大图，田少煦

5.3.4–4[2]　深圳华侨城欢乐谷霓虹灯广告 放大 2 倍图（局部），这里只选取了跟原照片一样大小尺寸的局部（1 417 × 1 082 像素），由此可见照片放大了不少。田少煦

Dimensions（像素大小）"处于关闭状态。在"Print Size"下得Resolution（分辨率）里，输入300 Pixels/inch（像素/英寸）（这是平版印刷的一般要求），这时，"Print Size"的宽度和高度就变成13.55cm和10.16 cm。这个13.55cm和10.16 cm尺寸，就是数字照片在300 dpi时的实际尺寸。很明显，它还不够A4（16开）的幅面。

选取Resample Image（重定图像像素）和Constrain Proportions（约束比例）复选框，在"Print Size（打印尺寸）"下，输入宽度：28.5 cm，由于宽与高的比例约束，高度会自动变成21.38cm我们可看到"像素大小"下的宽度和高度变成了3 366 × 2 525像素。文件也由原来的5.5 MB，扩大到24.4 MB 。按OK（好），这幅数字照片就重采样成为印刷大16开所需的尺寸。（图 5.3.4–2）

从上面的例子，我们可看出经过重采样处理，图像的像素明显增大，这就意味着画面上增加了不少颜色。这些被增加的颜色，是计算机软件通过"色彩插值"的技术来实现的。色彩插值并不是原图像的真实色彩，而是一些近似的，添加进去的假的色彩，它只可能降低原图的质量。重采样增加的像素越多，对原图像的真实色彩破坏越严重。下面是两组原图像与重采样后边长放大2倍、3倍图像的比较。（图 5.3.4–3[1]~[3]，图 5.4.4–4[1]~[3]）

从重采样的图像我们可以看出，放大后的图像边缘轮廓线变得模糊不清，损害了原图的图像锐度。图像的总像素是增加了，但色彩的丰富程度并没有增加。由于重采样的"色彩插值"涉及较深奥的计算机图像处理技术，这对于从事环境设计或建筑设计的设计师来说较难理解，也没有必要知其所以然，我们这里列举一个简单的例子，帮助说明"色彩插值"的原理。

通俗的说，"色彩插值"就是在两个色彩之间插入与它们两个相关的一组近似颜色。我们从HSV色相环中选取两个颜色，一个是红（Red，CMYK值：M 100　Y 100），一个是黄（Yellow，CMYK值：Y 100）。如果要在"红"和"黄"之间进行"色彩插值"，就是在从"红"到"黄"之间顺序安插一组平滑过渡的颜色。

A．如果"色彩插值"较小，就意味着在它们两者之间少安插几个颜色。就形成：红、橙红（CMYK值：M 66　Y 100）、中黄（CMYK值：M 33　Y 100）、黄四个等级。

B．如果"色彩插值"较大，就意味着在它们两者之间多安插几个颜色。就形成：红、橙红（CMYK值：M 80　Y 100）、桔黄（CMYK值：M 60　Y 100）、中黄（CMYK值：M 40　Y 100）、淡黄（CMYK值：M 10　Y 100）、黄六个等级。

C．如果"色彩插值"更大，就在它们两者之间安插更多的颜色，直至系统所允许的极限。

5.3.4-4〔3〕 深圳华侨城欢乐谷霓虹灯广告放大4倍图（局部），这里只选取了跟原照片一样大小尺寸的局部（1 417 × 1 082像素），由此可见照片放大了不少。田少煦

5.3.4-5 A．在“红”和“黄”之间插入2个色彩
B．在“红”和“黄”之间插入4个色彩
C．在“红”和“黄”之间插入更多色彩

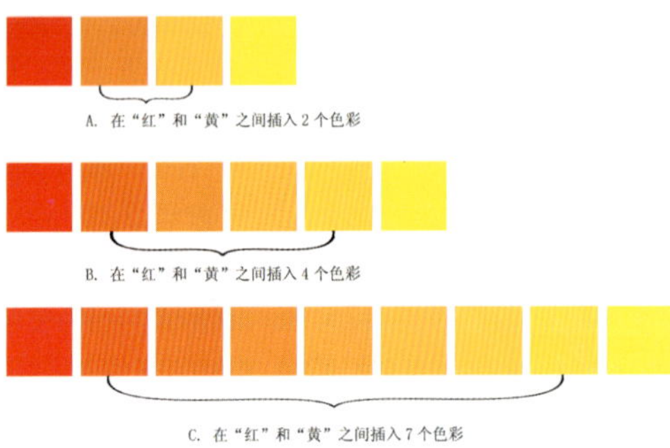

参考文献：

〔1〕刘真，实用计算机图形与动画技术〔M〕，北京：电子工业出版社，1998，164．
〔2〕〔美〕约翰.卡里根，储留大译，计算机图形奥秘及解答〔M〕，北京：电子工业出版社，1995，81-84．

第六章 环境与色彩

6.1 自然环境与色彩

人与自然的关系在19～20世纪近现工业化的直接干预下被无情地扭曲了，大自然给予人类的“回报”可以说触目惊心。事实证明，人作为自然界的一种智能生物，是不可能成为上帝凌驾于大自然之上的，只能与大自然和谐相处。我们的祖先，早在两千多年前就悟出了这一道理，并产生了早期“天人合一”的思想。

“天人合一”，其渊源可以追溯到先秦及西汉儒道两家对立的时代，它把“天”作为宇宙的根本或自然的总体，把“人”作为人本身或社会的总体来思考，同时亦把天“人”作为对立统一的整体来考察，认为“人”和“天”就如同一个圆环上的任何相对的两点，它们由于循环运动而彼此过渡，互为因果；你中有我，我中有你。因而造成“天人合一”，主客相融的结果。“人”在这里已不是一个与世界分离的抽象的认识主体，而是处在天地自然之间参与宇宙生命运动的本体[1]。环境色彩作为人参与自然的一种媒介，它与大自然的关系不像空气、水质、气候的恶变那样危及生存，往往被人们所忽视。“天人合一”的自然观，应该是我们进行环境色彩设计的基本准则。

6.1.1 “色彩地理学”与环境色彩

在我们生存的地球上，由于地理环境的不同，以及由此而导致的人类文化的差异，形成了各地不尽相同的区域色彩，这就是“色彩地理学”的基本含义。“色彩地理学”的创始人让·菲力普·朗科罗以“新地理学”为基础，考查了东、西方几十个国家不同地理位置上的色彩现象，他发现不同的地理环境直接影响了人类、人种、习俗、文化等方面的成型和发展，这些因素都导致了不同的色彩表现。因为不同的地理必然造成特定形态的地域环境，不同的地理环境就会形成不同的气候，从而影响到栖居着的不同的人种与习俗，乃至形成不同的文化传统。

从特定的地域、气候、人种、习俗、文化等因素的交汇点上，来考察色彩现象，就不难发现色彩由于人的生态环境和文化氛围而产生不同的组合方式。在这个人与自然、人与历史共造的环境之中，人们对造物形式的认定和择取是有其独特方式的。它是自然物质的供给和传统文化习惯化合作用的结果，从而形成了此地而非彼地的“特产”。尽管现代文明使这种外在“特产”的特征大大地淡化了，但是，那种潜在而根深的传统精神却是难以割断的。

“色彩地理学”的研究原理类似于区域地理学的研究方式，是对地球表面一部分一部分地研究。在选定的地区观察所有地理要素及其相互作用，将该地区的

6.1.1–1 分析地理色彩的地图。宋建明，分析地理色彩的地图，色彩设计在法国，上海：上海人民美术出版社，1999

6.1.1–1

特征与其他地区相区别，认识处在不同地域中同类事物的差异性。"色彩地理学"主要是研究每一地域中民居的色彩表现的方式与景观结合的视觉效果，考察这些区域人们的色彩审美心理及其变化规律。对于郎科罗来说，在他的心中已经建立起一套完整的系统。当他面对每一个将要被作为研究的对象时，他会很自觉地把它放入他的那个系统当中进行定位。诸如：该对象所处的地域、地区、地理特征、国家所在地、民族分布以及习俗情况、都市或城镇的行政性质、历史与文化概况等等，同过去的经验进行

6.1.1-2　色谱比较法。宋建明·色谱比较法，色彩设计在法国·上海：上海人民美术出版社，1999

6.1.1-3　明度测试法。宋建明·色彩设计在法国·上海：上海人民美术出版社，1999

6.1.1-4　用于明度比较法的样本。宋建明·色彩设计在法国·上海：上海人民美术出版社，1999

6.1.1-5　地区颜色的实物取样。宋建明·色彩设计在法国·上海：上海人民美术出版社，1999

6.1.1-6〔1〕　同一场景的色彩变化-1。宋建明·色彩设计在法国·上海：上海人民美术出版社，1999

6.1.1-6〔2〕　同一场景的色彩变化-2。宋建明·色彩设计在法国·上海：上海人民美术出版社，1999

6.1.1-7〔1〕　四季的色彩变化-1。宋建明·色彩设计在法国·上海：上海人民美术出版社，1999

6.1.1-7〔2〕　四季的色彩变化-2。宋建明·色彩设计在法国·上海：上海人民美术出版社，1999

6.1.1-7〔3〕　四季的色彩变化-3。宋建明·色彩设计在法国·上海：上海人民美术出版社，1999

6.1.1-8〔1〕　不同的地理环境对色彩的影响-1。宋建明·色彩设计在法国·上海：上海人民美术出版社，1999

6.1.1-8〔2〕　不同的地理环境对色彩的影响-2。宋建明·色彩设计在法国·上海：上海人民美术出版社，1999

6.1.1-8〔3〕　不同的地理环境对色彩的影响-3。宋建明·色彩设计在法国·上海：上海人民美术出版社，1999

比较，以便确认其“景观色彩的特质。”

在这里，“色彩地理学”提出了“景观色彩的特质”的观点。所谓“景观色彩特质”就是指构成景观形象的与地理和色彩相关的一系列要素，这些要素诸如地貌特征、土壤的色彩、植物、用当地材料制成的建材与建筑风格、体现在民俗上的特殊的装饰等等，即此地而非彼地所特有与色彩相关的形象要素。特定的地理环境决定着特定的空间。建筑和建筑群显然是这个特定空间中的主体，而这些建筑的形制、材料以及筑造方式，都是同这个地域的自然、人文的环境紧密相联的。那些被用作建材的材料，大都是来自本地区的自然材料，因此，就同当地的环境色彩有着千丝万缕的联系，那种非人工化的天然具有的和谐，本身就渗透着难以形容的色彩之美的魅力；其次，那些被用于作建筑装饰的色彩及其装饰方式和对美的认识，也都源于这个地域所特有的传统文化，随着历史的演化而长期形成了独特的审美系统。这些都是直接作用于景观色彩方面的重要因素。这些要素，被称作“景观的色彩特质”。可谓是：一方水土，养一方文化；一方文化，显一方景观色彩特质。[2]（图 6.1.1-1～图 6.1.1-8[3]）

由此可见，要设计具有地方特色的环境色彩，“色彩地理学”为我们提供了一种比较科学的方法和有益的借鉴。

6.1.1-6[1]

6.1.1-2　6.1.1-8[1]

6.1.1-3

6.1.1-6[2]　6.1.1-7[1]　6.1.1-7[2]　6.1.1-7[3]

6.1.1-5　6.1.1-8[2]

6.1.1-4　6.1.1-8[3]

6.1.3-1[1] 意大利布哈诺镇民居色彩调查分析-1 。宋建明，色彩设计在法国，上海：上海人民美术出版社，1999

6.1.3-1[2] 意大利布哈诺镇民居色彩调查分析-2。宋建明，色彩设计在法国，上海：上海人民美术出版社，1999

6.1.3-1[3] 意大利布哈诺镇民居色彩调查分析-3。宋建明，色彩设计在法国，上海：上海人民美术出版社，1999

6.1.3-1[4] 意大利布哈诺镇民居色彩调查分析-4。宋建明，色彩设计在法国，上海：上海人民美术出版社，1999

6.1.3-2 不同颜色外墙温度变化情况曲线

6.1.3-3 由于颜色的不同，所引起的屋面综合温度和表面温度变化曲线

6.1.3-4 高调色彩的建筑较适合炎热的南方。巴马丹拿建筑及工程师有限公司.新加坡国际学校，世界建筑导报，1997 [03]:51

6.1.2-1 6.1.3-1[1] 6.1.3-1[2] 6.1.3-1〔4〕 6.1.3-1〔3〕

6.1.2-2 6.1.2-3 6.1.2-4 6.1.3-4 6.1.3-3 6.1.3-2

6.1.2-1 全世界相似的摩天大楼 1，世界金融中心和冬季花园。世界建筑导报，1998(02)：57

6.1.2-2 全世界相似的摩天大楼 2，九龙通风大厦。世界建筑导报，1998(06)：60

6.1.2-3 深圳华侨城地处深圳海湾，高层住宅上的海浪图案表现了这座城市的风格特征。深圳华侨城高层住宅，田少煦

6.1.2-4 住宅群上的色彩图案是生态公园环境的延续。从深圳华侨城生态公园看高层住宅群，田少煦

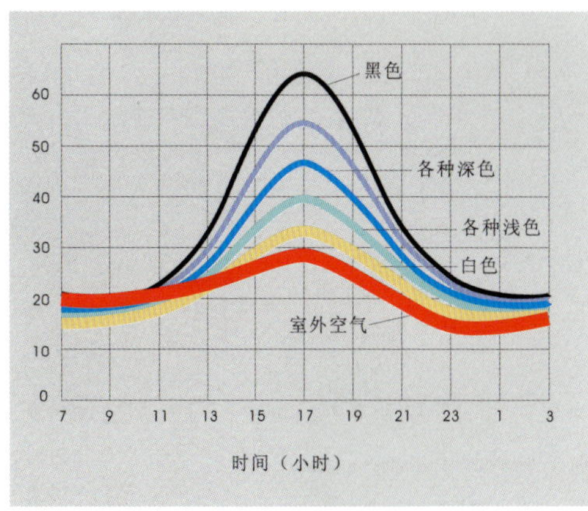
黑色
各种深色
各种浅色
白色
室外空气
60
50
40
30
20
10
0
7 9 11 13 15 17 19 21 23 1 3
时间（小时）

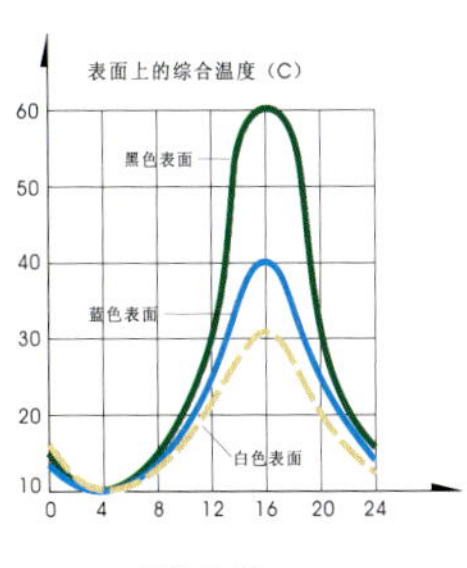
表面上的综合温度（C）
黑色表面
蓝色表面
白色表面
60
50
40
30
20
10
0 4 8 12 16 20 24
时间（小时）

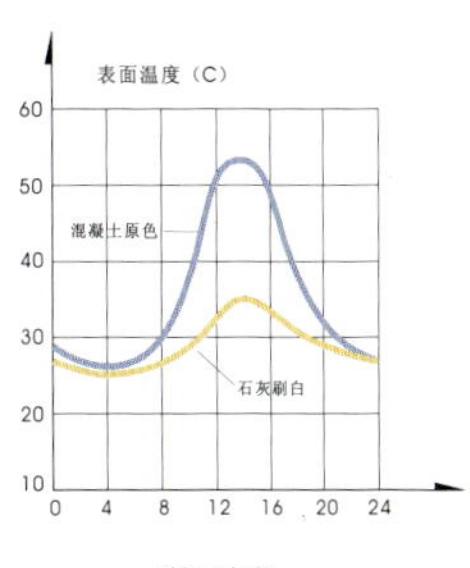
表面温度（C）
混凝土原色
石灰刷白
60
50
40
30
20
10
0 4 8 12 16 20 24
时间（小时）

6.1.3-5
6.1.3-8
6.1.3-7
6.1.3-6
6.1.3-10
6.1.3-9
6.1.3-11

6.1.3-5 高调色彩的建筑。博卡海滨俱乐部。世界建筑导报，1998(01)：51

6.1.3-6 低调色彩的建筑较适合寒冷的北方，住宅色彩 -3。宋建明.色彩设计在法国.上海：上海人民美术出版社，1999

6.1.3-7 威尔海姆·霍兹·鲍耶，萨尔茨堡大学自然科学学院外观环境色彩，奥地利。吴力人，现代建筑三人行，江西科学技术出版社，1999

6.1.3-8 EDSA 环境景观规划设计事务所，海湾山区庄园。世界建筑导报，2002[01-02]:75

6.1.3-9 伦佐·皮亚诺建筑工作室，Tjibaou 文化中心，新喀里多尼亚〔大洋洲〕建筑群。世界建筑导报，2000(02)：56

6.1.3–10 伦佐·皮亚诺建筑工作室，国家科学技术中心，荷兰阿姆斯特丹（建筑外观），建筑群。世界建筑导报，2000(02)：51

6.1.3–11 深圳市仙湖植物园景观。世界建筑导报，1999(05)：25

6.1.2 城市环境色彩

我们生活在地球上不同地域、不同环境的色彩世界中，地理环境因素在相对封闭的文化圈内，会显得举足轻重。随着社会文化的进步，外来文化对原有本土文化的冲击，会打破昔日的稳定与平衡，使人们在物质文化、思想意识，甚至审美情趣、价值观方面发生变化。

在全球化浪潮的冲击下，民族的、地域的文化逐渐失去其显著的特色，影响城市色彩的最大因素来自两个方面：一是人们的审美意识，它支配着城市环境色彩的规划与设计；二是以材料为中心的物质条件，它制约着城市色彩的再现与实施。(图 6.1.2—1，图 6.1.2—2)

城市环境色彩的规划与设计，与艺术家的个人创作不同，它是一种社会行为。而在我国，决定城市环境色彩的往往是政府的相关部门及其官员，这些人大部分不具备工作必需的色彩审美意识和色彩学素养，而他们掌握着城市环境色彩的生死大权。因此，怎样从管理制度上为城市环境色彩的规划设计铺平道路，是实现我国城市环境色彩规划正常化的第一步，也是关键的一步。我们目前的城市规划，并没有把城市环境色彩纳入城市设计的整体系统进行科学规划，具有中国20世纪末杰作之誉的南方某市城市

中心区规划虽然获得1999年国际建筑师协会颁发的奖项，但令人惋惜的是竟然没有一套像样的城市色彩规划子系统。可见轻视城市环境色彩的现象在我国建筑和城市规划界已根深蒂固。

一个人如果没有自己的衣着色彩特点，就像"文革"时期人人都穿上"绿军装"一样，让今天的人们看来显得滑稽可笑。一座城市没有自己的色彩特色，千人一面的玻璃幕墙和全国划一的瓷砖、涂料，并不亚于亿万人民都穿上"绿军装"一样幼稚。"不识庐山真面目，只缘身在此山中"！

城市环境色彩设计，是迄今为止作业范围最大的色彩项目设计。它要求设计者不仅具有深厚的色度学、艺用色彩学、建筑学（包括景观园林）的知识，还要具有社会学、心理学、文化学、地

理学的修养，熟悉建筑材料和各种植物的特性等等。因此，它不是一、两个人一挥而就的即兴创作，而是在严密的科学策划之下一个设计群体的智慧结晶。

一座城市的环境色彩，是这座城市的风格特征之一，是城市面貌的重要组成部分，它体现着一座城市的文化品位和现代化程度，有助于城市美化和市民的身心建康。我们只有认识到城市环境色彩在现代城市建设中的作用，才会珍惜和培植它，为人们创造一个既有地方特色，又适合于人类生存空间和心理空间的悠美环境。（图 6.1.2-3，图 6.1.2-4）

6.1.3　建筑色彩

建筑是城市环境中最有代表性的色彩载体，建筑体现的色彩倾向是构成城市环境色彩特色的主要因素。由于建筑色彩的设计除了艺用色彩学的因素之外，还要受到气候条件、自然环境、建筑材料等方面的限制，处理好它们与建筑之间的关系是设计师必须面对的实际问题。

(1)地区气候条件对建筑的影响

我国地处地球的北半球，东西经度和南北纬度变化较大，各地的气温差别、日照条件、照度高低、空气透明度都存在较大的差别，建筑材料及其色料对太阳辐射热的吸收会直接影响到建筑物的内部热工状况。随着建筑物外表面附着的颜色不同，太阳的辐射热对它会产生不同的影响。一般情况下，影响这种变化的因素，是色彩明度，包括色相自身明度。色彩的明度越高（颜色越浅），其反射太阳光的能力越强，它的热吸收系数越小，建筑物表面的温度越低；相反，色彩的明度越低（颜色越暗），其反射太阳光的能力越弱，它的热吸收

6.1.3-15　深圳市地王大厦与环境。世界建筑导报，1999(05)：22

6.1.3-16　深圳市华侨城“世界之窗”鸟瞰 “世界之窗”主题公园及其环境色彩。世界建筑导报，1999(05)：36

6.1.3-17　建设中的深圳市深南大道。世界建筑导报，1999 (05)：26.

6.1.3-18　深圳市佰仕达花园一期鸟瞰，佰仕达花园 一期鸟瞰，佰仕达实业有限公司 供稿。世界建筑导报，1999(05)：66.

6.1.3-19　深圳市佰仕达花园一期住宅外观，佰仕达实业有限公司 供稿。世界建筑导报，1999 [05]:67

6.1.3-20　GMP 建筑工作室，新魏玛会堂议会中心 环境鸟瞰。世界建筑导报，2000(04-05)：42

6.1.3-12　伦佐·皮亚诺建筑工作室，关西机场，日本大阪 全景建筑群。世界建筑导报，2000(02)：28

6.1.3-13　瑞士卢赛恩 让·路维尔·卢塞恩文化和会议中心，屋面高高地伸向湖面像一个巨大的船屋。世界建筑导报，1999(01-02)：123

6.1.3-14　NBBJ 建筑事务所专辑，科迪亚克渔业研究中心，世界建筑导报，2001(01-02)：124

	6.1.3-12	6.1.3-17
	6.1.3-14	
6.1.3-13	6.1.3-15	6.1.3-19
	6.1.3-16	6.1.3-20
	6.1.3-18	

因此，在设计建筑的色彩时，要充分考虑到房屋屋面、墙面材料及色彩的辐射热吸收特点，使之适应当地气候条件的需要。（图 6.1.3–2，图 6.1.3–3）

我国南方气温高，日照多，照度高，空气透明度大，一年四季百花盛开，绿树长青，在这种自然环境里，宜采用淡雅的高明度冷色系列作为建筑的主要色彩。北方气候寒冷，日照少，照度低，空气透明度小，一年有好几个月被冰雪覆盖，植被枯竭，在这种自然环境里，宜采用温暖的，饱和度较高的颜色作为建筑的主要色彩，色彩的明度也可适当降低。[3]（图 6.1.3–4～图 6.1.3–6）

(2)建筑所在地的区域环境对建筑色彩的影响

系数越大，建筑物表面的温度就越高。（图 6.1.3–1[1]～图 6.1.3–1[4]）

不同色彩的热吸收系数表

色　　彩	ρ
白色、淡黄、淡绿、粉红	0.2～0.4
银白色	0.26
灰～深灰色	0.4～0.5
浅褐、黄、浅蓝、玫瑰红	0.5～0.7
银灰、暗灰、深褐	0.7～0.8
深蓝、黑	0.8～0.9

产生以上变化的原因，是由于太阳的辐射。建筑物外墙温度升高的程度，取决于屋面、墙面的颜色和外部材料的吸热性能。

建筑物色彩对它所在地的区域环境色彩具有很大的影响，"色彩地理学"就是以建筑物为主要载体来研究某一区域的环境色彩的。同时，建筑物又与其周围环境有着互为相依的内在联系，二者的交相辉映才能构成一个地区多彩多姿的色彩风景线。

在设计建筑的色彩时，要将建筑物和它四周的环境作为一个统一的整体来考虑，周围或是大海、或是森林、或是农田、或是山体，都要分别作出不同情况的处理，使建筑与自然相融合。（图6.1.3-7～图 6.1.3-14）

在城市建设中，建筑物又是建筑群中的重要组成部分，应充分考虑建筑物与建筑群的关系，还要注意它与整个城市规划的统一与协调。在我国大多数城市中，由于没有统一的城市色彩规划，单体建筑各自为政、随心所欲，形成不了相互关系和一定的色调，显得杂乱无章。自 2001 年以来，国内各大报纸和门户网站曾经一度对城市色彩表现出关注。2003年，北京的人大代表也

6.1.3-21	形成暖色调的住宅色彩。宋建明，色彩设计在法国，上海：上海人民美术出版社，1999：98
6.1.3-22	WET 水景设计事务所，贝拉吉奥度假胜地，世界建筑导报，2001(05-06)：84
6.1.3-23	EDSA 环境景观规划设计事务所，阿尔康西多度假酒店与社区。世界建筑导报，2002(01-02)：36
6.2.1-1	中缅边境的黑齿老妇人。田少煦
6.2.1-2	湘西凤凰县苗族女装色彩。田少煦
6.2.1-3	中国道教的重要发源地 四川青城山道观的建筑色彩倾向于沉重的黑色调。作者佚名
6.2.1-4	西藏的寺庙建筑色彩。作品提供：陈云飞

6.1.3-23	6.2.1-4
6.1.3-22	6.2.1-3 6.2.1-2 6.2.1-1
6.1.3-21	

再度提出北京的城市色彩问题，但从报道的情况来看，目前的讨论还局限于传统绘画意义上的零散的色彩意识，没有触及城市色彩的系统工程，还没有上升到科学、规范的色彩体系及其数字化体系。（图 6.1.3–15～图 6.1.3–23）

6.2 人文环境与色彩

在自然环境相似的情况下，决定人造环境的主要因素就在于不同民族文化心理趋动下的色彩观念和色彩心理感应。

6.2.1 人文因素对环境色彩的影响

中国传统的色彩观，带有明显的意念特征，它赋予色彩特定的联系与象征。青、赤、黄、白、黑，是中国传统建筑和传统绘画的五种常用颜色，在阴阳五行哲学观念的关照下，它形成一组具有特殊内涵的“五方正色”。

中国古代存在以色彩来区分部族的现象。云南古有“黑齿蛮”，据说是用黑漆来染黑牙齿所致。就是在今天，滇西的几个少数民族喜爱嚼一种苦、涩、辣味交加的树胶，就像城里人嚼口香糖一样津津有味，嚼过这种树胶的人（大多是已婚妇女），牙齿明显变成乌黑色。（图 6.2.1–1）

四川大凉山的彝族视黑色为高贵，过去富有阶层称“黑彝”，是“黑骨头”，以穿黑衣、批黑色“擦尔瓦”为美。湘黔交界的

6.2.1–5　栗运成，佛门，摄影世界，2003（01）：75
6.2.1–6　阿尔及利亚 Ghardaia 地区的民居色彩调查分析 –1。宋建明。色彩设计在法国。上海：上海人民美术出版社，1999
6.2.1–7　阿尔及利亚 Ghardaia 地区的民居色彩调查分析 –2。宋建明。色彩设计在法国。上海：上海人民美术出版社，1999
6.2.1–8　阿尔及利亚 Ghardaia 地区的民居色彩调查分析 –3。宋建明。色彩设计在法国。上海：上海人民美术出版社，1999
6.2.2–1　深圳华侨城“世界之窗”霓虹灯广告。田少煦
6.2.2–2　深圳华侨城“欢乐谷”霓虹灯广告。田少煦
6.2.2–3　深圳市政府大门口环境雕塑——开荒牛。田少煦
6.2.2–4　深圳市上步路城市雕塑——牛。田少煦
6.2.2–5　深圳市上步路雕塑公园 –1。世界建筑导报，1999(05)：18
6.2.2–6　深圳市上步路雕塑公园 –2。世界建筑导报，1999(05)：18
6.2.2–7　深圳市博物馆广场雕塑与环境。田少煦
6.2.2–8　深圳市华侨城雕塑走廊 –1。世界建筑导报，1999(05)：37
6.2.2–9　深圳市华侨城雕塑走廊 –2。世界建筑导报，1999(05)：37
6.2.2–10　深圳市华侨城雕塑走廊 –3。作品提供：赵志勇，指导教师田少煦

6.2.1-5　6.2.2-3
6.2.2-8
6.2.2-1　6.2.1-6　6.2.2-6
6.2.2-9　6.2.2-4
6.2.2-2　6.2.1-7
6.2.2-7　6.2.2-5
6.2.1-8　6.2.2-10

武陵山区，古代有红苗、黑苗、白苗、花苗之分，其实这些不同的色彩，就是这些苗族分支的典型服饰用色。（图 6.2.1–2）

道教是中国的本土宗教，黑白二色的太极图是其典型的标志性图案，道士身穿黑色道袍，道观建筑的色彩也倾向于沉重的黑色调。与道教不同的是，佛教用色比较鲜艳，明黄色是佛教具有代表性的色彩。在藏传佛教中，黄色系列的颜色应用更为广泛，藏传佛教也有称为“黄教”。（图 6.2.1–3～图 6.2.1–8）

6.2.2 城市公共艺术色彩

公共艺术是城市环境中的“点睛”之处，公共艺术的色彩对城市的人文环境色彩起着不可低估的作用。人们对公共艺术的认识，由于承袭了文人、士大夫的偏见，往往只局限于被称为“纯艺术”（Fine Arts）的美术作品，而将占公共艺术大部分的具有实用和审美两种功能的共公设计作品排除在外。很少有人理直气壮地把户外广告、公共候车亭、电话亭、橱窗、指示牌甚至垃圾筒作为共公艺术来对待。在高等学校的教学中，公共艺术也是一个被艺术遗忘的角落，取而代之的是壁画、雕塑等“高雅”的文人艺术品。

然而正是那些被艺术家看不起的大量具有实用性的公共艺术品，在没有说教的潜移默化中培养着市民的审美观念和艺术情操。可爱的国宝熊猫匍匐在路旁，张开血盆大口等待吞食恶唑的垃圾；肌肤圆润的性感女郎屹立在街头高大的广告牌上，向人们眉飞色舞地倾述着如何让胸脯“挺好”的故事；俗不可耐的霓虹灯彩色，娇饰着灯红酒绿的浮华夜空，……我们城市的公共艺术色彩，急需调和与净化。

6.2.2–13　6.2.2–16　6.2.2–17

6.2.2–12　6.2.2–15　6.2.2–14　6.2.2–11

6.2.2–11 深圳市华侨城华夏艺术中心雕塑与环境。世界建筑导报，1999(05)：40

6.2.2–12 深圳大学中心广场雕塑。田少煦

6.2.2–13 深圳市华侨城喷泉走廊–1。世界建筑导报，1999(05)：38

6.2.2–14 深圳市华侨城喷泉走廊–2。世界建筑导报，1999(05)：38

6.2.2–15 深圳市华侨城喷泉走廊–3。世界建筑导报，1999(05)：38

6.2.2–16 EDSA 环境景观规划设计事务所，百事可乐公司总部环境。世界建筑导报，2002 [01–02]：112

6.2.2–17 EDSA 环境景观规划设计事务所，百事可乐公司总部环境。世界建筑导报，2002 [01–02]：112

公共艺术的色彩应以自身的主题和功能为前提，结合所处的环境，营造出一个积极、向上、多彩的社区文化氛围。(图 6.2.2-1～图 6.2.2-17)

6.2.3 室内环境色彩

室内环境是现代居民的主要活动空间，室内环境色彩的好坏，对人们的情绪、工作、学习和生活有着直接的影响。

室内环境又是一个纯粹的人为环境，设计师要倾注更多的精力与情感，重视色彩对人的心理、生理等方面的作用，重视人文因素在室内环境中的体现。

由于文化的积淀，人们在使用色彩中会形成心理上的某种传统，甚至出现联想和各种反射式的惯性。譬如绿色，是能使人感觉轻松、镇静的颜色，当看书看疲倦了，眼睛看看绿色，疲劳就会减轻，但如果长时间身处绿色的室内环境中，又会影响、减少人的食欲。黄色对心情具有抑制作用，性情急躁，易于冲动的人，其卧室、工作室可选用黄绿色为宜。黄色、橙黄色是食品包装用得最多的颜色，它具有刺激胃口、增强食欲的作用，而且能给人以温暖、和谐的感受。因此，餐厅的用色宜以黄、橙色为主，在居室里选用黄色调的原木色做地板、家具，会使人感受到家的温馨和愉快。在配有蓝色灯光的卧室里，选用绿色被子和床上用品，可形成安静、舒适的环境气氛，有助于人的安眠。

恰当、合理的室内环境用色，能更好地体现建筑物的性质和功能要求，并具有空间导向、空间识别和标识等作用；可提高室内空间环境的卫生质量和舒适度，有利于人们的身心健康；可改变室内空间不理想的现状和尺度；可创造有特色、有层次和富于美感的空间环境。

随着21世纪数字技术的不断发展，数字色彩已开始直接应用于人类的居室环境。美国的科学家就尝试把室内的墙面做成整块的超大等离子显示屏，用优美的音乐随机控制墙上播放的不同动态图像，一会儿出现茂密的森林，一会儿又演变为浩瀚的大海，随着音乐的起伏，流云、瀑布、草原、天空……，缓缓进入你的空间，使人们身居斗室仿佛遨游于广袤的大自然，让你心旷神怡。(图 6.2.3-2～图 6.2.3-8)

6.2.3-1	6.2.3-2
6.2.3-3 6.2.3-4	6.2.3-5 6.2.3-6

6.2.3-1 汤辉，嘉林花园别墅 室内环境色彩。中国设计年鉴，1998-1999年卷：260

6.2.3-2 GMP建筑工作室，Von Gerkan 住宅，汉堡 中轴线上的两层高大厅。世界建筑导报，2000(04-05)：15

6.2.3-3 多米尼克.伯诺，法国国家图书馆 接待厅，室内环境色彩。世界建筑导报，1999(01-02)：84

6.2.3-4 戈登公司贸易协会管理办公室 室内环境色彩，AI设计事务所。世界建筑导报，2001 增刊 (NO.01)：33

6.2.3-5 室内环境色彩，选自南海油田挂历 01，作者佚名

6.2.3-6 室内环境色彩，选自南海油田挂历 02，作者佚名

6.2.3–7 开姆尼茨理工大学演会中心 室内环境色彩，GMP 建筑工作室。世界建筑导报，2000(04–05)：33
6.2.3–8 室内环境色彩。ARCH 雅砌，1998，NO.105

6.2.3–7	7.1.1–1
6.2.3–8	7.1.1–2

参考文献：

〔1〕 刘长林.中国系统思维〔M〕.北京：中国社会科学出版社，1990：40–46.
〔2〕 宋建明.色彩设计在法国〔M〕.上海：上海人民美术出版社，1999：9–10.
〔3〕 施淑文.建筑环境色彩设计〔M〕.北京：中国建筑工业出版社，1991：131.

第七章
光照对环境色彩的影响

光与色是一个物体的两个方面，没有光的空间是一片看不到希望的黑暗，可见光能使人眼感知自然界万紫千红的颜色，人们利用光的原理又可以为自己创造一个五彩缤纷的人造光的世界。

7.1　自然光与人造光

7.1.1　自然光源的利用

自然光源是利用太阳光与其透过云层形成的天光构成的自然光源，也是环境色彩的主要光源。太阳从它冲破黎明前的黑暗到日落西山的黄昏，给大自然带来了千变万化的色彩。在不同的季节、不同的天气、不同的时间、不同的纬度和不同的海拔高度，阳光都呈现出强弱、色彩、方向和光量的不同变化。合理、科学地利用自然光源，是建筑师和环境设计师必须面对的基本问题。

前人在自然光的应用上，曾有过不朽的杰作。我国传统建筑的"坐北朝南"，就精辟地总结了合理利用自然光的主张。（图 7.1.1–1～图 7.1.1–3）

室外环境是自然光的世界，一切景致都裸露在天穹之下没有骄饰。在自然光的应用中，光照强度和光的色彩几乎是不可调节的，只有方位的设定可以因人而定。因此，不同的角度和不同的时段的阳光照射，造就不同的景观效果，影响着环境设计的艺术品位和人文风格。（图 7.1.1–4～图 7.1.1–8）

古埃及的神庙充分利用了当地的气候条件，在灼热而强烈的日光照射下利用深暗的阴影来创造庄严、神秘的宗教气氛。他们在神庙内部的多柱室里让光线透过高窗的遮阳板进入室内，经过漫射后成为白烛光，这使得圣坛处显得阴森。既满足了建筑的功能要求，又满足了人们的心理效果。

古希腊雅典卫城上的神庙，是利用自然光的典型。神庙的外墙由列柱环绕，形成有相当深度的外廊，在柱头和檐部饰有精细的雕刻，在强烈的阳光照射下形成鲜明的光影效果，以至于两千多年后的今天，人们还把这种柱头的造型视为西方建筑的象征。神庙的外墙没有设窗，光线只能从门口进入庙内，直接照射神像，周围一片阴暗。由于强调光影的对比及明暗的反差，使人们产生一种神秘与恐惧心理，突出了神庙的威严、震慑、神秘的内涵。[1]（图 7.1.1–9，图 7.1.1–10）

"日晷"是古代太阳钟在现代环境设计中的成功应用，它巧妙利用方位和阳光的照射角度来产生投影，起到象征性指示时辰的作用。（图 7.1.1–11，图 7.

7.1.1–1　我国坐北朝南的白族民居，专业摄影作品集，全景视拓图片有限公司.

7.1.1–2　我国坐北朝南的嘉戎藏族民居，专业摄影作品集，全景视拓图片有限公司.

7.1.1–3　我国坐北朝南的羌族民居群落，专业摄影作品集，全景视拓图片有限公司

7.1.1–4　利用日光照射营造的户外长廊，SWA事务所，七海度假区。世界建筑导报，1998(01)：54

7.1.1–5　塔楼的建造考虑了日光照射的光影效果，西萨·佩里事务所，万宝市场建筑群广场灯光和门厅塔楼。世界建筑导报，1998 增刊(02)：116

7.1.1–6　塔楼内部的日光照射的光影效果，西萨·佩里事务所，万宝市场建筑群 门厅塔楼和旧金山湾。世界建筑导报，1998 增刊(02)：117

7.1.1–7　日光照射营造的空间氛围，里格克里斯大高尔夫球俱乐部。世界建筑导报，1998(01)：63

7.1.1–8　合理利用自然光作为室内光源，作者佚名

7.1.1–9　阿蒙神庙，建于公元前1478～1372年，位于古埃及卢克索尔。98图库。美国柯达公司制作。香港致力科技有限公司，1998

7.1.1–10　帕提农神庙（Parthenon）建于公元前5世纪，位于古希腊雅典卫城。98图库，美国柯达公司制作。香港致力科技有限公司1998

7.1.1–11　中国古代利用太阳光来记时的日晷，专业摄影作品集。全景视拓图片有限公司

7.1.1–12　深圳大学办公楼前广场“日晷”，作品提：姚子健，指导教师田少煦

7.1.1–13　天光下形成的暖色调暗角，威尔海姆·霍兹鲍耶·约翰·沃尔夫冈，哥德大学生物研究中心、中心通道。吴力人.现代建筑三人行。江西科学技术出版社，1999.164

7.1.1–14　天光下形成的暖色调暗角，意大利热那亚，皮亚诺事务所工作室。世界建筑导报，2000(02)：25

7.1.1–14	7.1.1–3 7.1.1–4	7.1.1–9
7.1.1–8 7.1.1–6 7.1.1–13 7.1.1–5	7.1.1–7 7.1.1–12	7.1.1–10 7.1.1–11

1.1—12）

自然光也是建筑室内采光的重要光源之一，它与室内环境设计的好坏密切相关。阳光能为室内带来和煦温暖的气氛，具有一般光源达不到的特殊效果。东方和西方是阳光能直接照射的两个方位，从东、西两个方位射入的阳光强烈而温暖，并且在上午、下午和黄昏等不同时段，能产生光的色彩及强度的变化。

我国地处北半球，建筑的南面在夏季极少有阳光直接射入，只有到了冬天，由于地球自转偏心轴带来的变化，临南面的门、窗才会接受阳光的照射，这就是"坐北朝南"形成的地理原因。建筑的北面只受天光的映射，光线稳定而柔和，色调偏冷，是艺术家画室最理想的采光方位。

室内的自然光采光分为天顶采光和侧面采光两种方式。由于门、窗的不同结构和材料（如不同透明度的玻璃等）差别，形成

7.1.1—15 阳光下形成的冷色调暗角，布拉尔德车站中央大厅 温哥华。世界建筑导报，1998(04—05)：98

7.1.1—16 阳光下形成的冷色调暗角，萨尔茨堡大学自然科学学院 室内走廊，奥地利。世界建筑导报，1998(04—05)：33

7.1.1—17 阳光下形成的冷色调暗角，萨尔茨堡大学自然科学学院 院前景观 奥地利，威尔海姆 霍兹鲍耶。吴力人.现代建筑三人行，江西科学技术出版社.1999.157

7.1.2—1 自然光照射下的大厦庄严肃穆，西萨.佩里事务所 海鹰宾馆及渡假别墅。世界建筑导报，1998 增刊(02)：108

7.1.2—2 人造光装点的大厦五彩缤纷，西萨.佩里事务所 海鹰宾馆及渡假别墅。世界建筑导报，1998 增刊(02)：109

7.1.2—3 威尔海姆 霍兹鲍耶，卡特林霍夫办公及商业综合楼，奥地利沿环行大街立面（白天）。吴力人.现代建筑三人行，江西科学技术出版社，1999.223

7.1.2—4 威尔海姆 霍兹鲍耶，卡特林霍夫办公及商业综合楼，奥地利沿环行大街立面 （夜景）。吴力人.现代建筑三人行，江西科学技术出版社，1999，223

7.1.2—5 环球城步行道，WET水景设计事务所。世界建筑导报，2001(05—06)：71

各种面积不同的暗角。根据色彩学原理，以天光为主的自然光源其色彩倾向冷色调，这种采光形成的暗角则倾向暖色调；以阳光为主的自然光源其色彩倾向暖色调，它所形成的暗角则倾向明显的冷色调。（图 7.1.1-13～图 7.1.1-17）

7.1.2 人造光源的应用

自然光源常常受到方位、节令、时间和空间的局限，在表达设计意图时往往受到很大限制。因此，随心所欲的人造光源就成了室内理想光源的主要形式。

人造光源可按照设计师的意念构成空间、改变空间和美化空间，它直接影响物体的形状、质感和色彩，营造出设计需要的艺术氛围。（图 7.1.2-1～图 7.1.2-7）

人造光源的应用，通常称为人工照明，因灯具的品种、规格和造型的不同，会产生不同的光照效果。人工照明产生的光线，可分为直射光、反射光和漫射光三种类型。

（1）直射光

直射光就是光源直接照射到所需的目的面上的光，在室内环境设计中，目的面也称为工作面。直射光的照度高，电能消耗较少，探照灯、聚光灯以及室内主要照明用的灯具，都采用直射光的照明方式。直射光的色彩取决于灯具发光体的性质，一般以黄、橙等暖色为主，荧光类灯具以蓝紫等冷色为主。一些特殊用途的彩灯，可组成五彩斑斓的彩色光。（图 7.1.2-8～图 7.1.2-11）

（2）反射光

反射光是经过材料界面反射后，照射到目的面上的光。它属于间接照明，这类光的光线柔和，视觉舒适，不易产生眩光。反射光的色彩除发光体本身的色彩倾向外，多受反射界面的影响，当反射界面为白色时，反射光的色彩呈现发光体自身的颜色；反射界面的色彩倾向性越明显，反射光就越趋于界面的颜色。（图 7.1.2-12～图 7.1.2-14）

（3）漫射光

漫射光是利用透明物质，如磨砂玻璃、乳白灯罩或特制的格栅，使光线形成多方向的漫射，或者由直射光、反射光相混合的光线。漫射光的光质柔和，是创造艺术效果的理想光源。（图 7.1.2-15，图 7.2.1-16）

7.1.2-6　灯光夜景，Corel DRAW 9 图库

7.1.2-7　McCormiick 会议中心，WET 水景设计事务所。世界建筑导报，2001（05-06），封 2。

7.1.2-9　直射光，〔美〕坎纳建筑师事务所，波普建筑〔M〕.中国建筑工业出版社、江西科学技术出版社，1999

7.1.1-17	7.1.1-16	7.1.2-6
	7.1.1-15	7.1.2-1 7.1.2-2 7.1.2-7 7.1.2-9
	7.1.2-3	
	7.1.2-4	7.1.2-5

7.1.2–8　直射光，Burger King 公司总部，NBBJ建筑事务所。世界建筑导报，2001(01–02)：6

7.1.2–10　直射光，陆志成，成都天府大酒店宴会厅，设计艺术。总第16期：35

7.1.2–11　直射光，新魏玛会堂议会中心，通往陈列室的楼梯，GMP建筑工作室。世界建筑导报，2000(04–05)：45

7.1.2–12　室内环境受反射光照射，光线柔和、视觉舒适，商店装饰。作者佚名

7.1.2–13　反射光，国际城，法国里昂（室内），伦佐·皮亚诺建筑工作室。世界建筑导报2000(02)：38

7.1.2–14　反射光，墨西哥人类学博物馆，EDSA环境景观规划设计事务所。世界建筑导报 2002(01–02)：119

7.1.2–15　透过屋顶透明物质的漫射光，给室内带来了柔和的光质和典雅的色彩。宋建明，色彩设计在法国〔M〕。上海：上海人民美术出版社，1999

7.1.2–16　漫射光，Corel DRAW 9 图库

7.1.2–12

7.1.2–11 7.1.2–8 7.1.2–13

7.1.2–15

7.1.2–14

7.1.2–16

7.1.2–10

7.2 光的色温与光的演色性

7.2.1 光的色温

光的色温对环境的气氛有一定影响。色温低的光源带橙红色，随着色温的升高，光源色由黄色到白色，最后趋向于蓝色。

黄昏时地平线上的太阳色温很低，约1 850 K，呈红色，因此有"几度夕阳红"的描写；我们常用的白炽灯色温在2 700 K～2 850 K之间；正午的太阳光色温约5 250 K；白天由北窗射进室内的光，色温是6 500 K；晴朗的天空色温很高，可达12 000 K。[2]（图 7.2.1–2，图 7.2.1–3）

常见自然光、人造光的色温对照表

自然光	色温（K）	人造光
晴朗的天空	12 000	
阴云的天空	7 000	
白天北窗射进的天光	6 500	荧光灯昼光色（D）系列
	5 500	金属卤化物灯（高效率型）
头顶的太阳	5 250	
	5 000	荧光灯昼光色（N）系列
	4 500～4 200	荧光灯白色（W）系列
圆月	4 125	
	4 200～4 000	荧光水银灯
	3 500～2 700	荧光灯温白色（WW）系列
	2 850	白炽灯（100V，1 000W）
	2 100	高压钠灯
蜡烛（石蜡）	1 900	
地平线上的夕阳	1 850	

7.2.2 光的演色性

(1)光源与演色

由于光源的色温不同，它照射到同一颜色的物体表面上的色彩效果也会出现一些差别，这种光源对物体色的显色现象称为“演色”。我们只有了解光的演色性，才能根据设计的需要运用不同色温的光源，做到突出什么，隐晦什么；哪些目标和物体需要真实地显示色彩，或叫“忠实演色”，哪些物体和部分需要利用光源表现特定的色彩效果，或叫“效果演色”。

光源带有明显的色彩倾向。我们一般认为普通的白炽灯泡发出的光线，带有一点橙黄色味；而日光灯管发出的光线带有一点蓝紫色味，这是因为光源的色刺激分配不均而不能成为纯白色（或接近白光）的原因。

由此可见，我们所说的“某某物体具有某种颜色”只是一个相对概念，它是指该物体在白光下通常呈现的颜色。在不同光源的照射下，同一物体的颜色会显示出不一样的色彩效果。如果你进入暗室冲洗照片，就会深刻的体会到：在阴暗的红光照射下，室内的一切都笼罩着一层红色。本来洁白的相纸变成了粉红色，绿色的物体会变成一种深浊的暗黑色。

光的演色性具有普遍性，在针对建筑物的室内外环境设计中应用广泛，因此，我们必须对常见光源及光线照射下一些常见的物体色有一个正确的预见。（图 7.2.2-1）

1）普通灯光的演色性

普通的白炽灯是室内照明使用最多的光源之一，它发射出来的光线是一种色温较底的橙黄色的光。在这种灯泡的照射下，物体色发生下列的色彩变化：

自然光下呈现的色彩		普通白炽灯下呈现的色彩
A 红色物体	——————	变成含有黄色光泽的红
B 黄色物体	——————	变成带光亮的橙黄
C 橙色物体	——————	变成带灿光的橙色
D 绿色物体	——————	变成暗浊的黄绿色
E 蓝色物体	——————	变成灰蓝暗色
F 紫色物体	——————	变成暗紫色

7.2.1-3
7.2.1-2
7.2.2-2
7.2.2-1
7.2.2-3
7.2.2-4
7.3.2-1
7.2.2-5

按照加光混合（也叫加色混合）的原理，其他物体颜色可用橙黄色的光源色加上该物体本身的颜色来预见。因此，我们在普通灯光下观察色彩，要充分考虑到加色混合的因素。由于普通灯光的照度比自然光低，物体表面的反射光也相对较弱，使灯光照射下的物体像笼罩着一层淡淡的黄色调，物体的色彩比白天看到的更加整体和统一。

2）日光灯光的演色性

日光灯又叫荧光灯，是一种模拟日光的照明灯具。由于荧光灯品种较多，有温白色（WW）系列、白色（W）系列、昼光色（N）系列和昼光色（D）系列，它们的色温也有所差别，其中温白色（WW）系列色温最低，在3 000～3 500 K；昼光色（D）系列色温最高，可达到6 500K。在日光灯的照射下，物体的颜色与自然光下的颜色还是不一样。一般说来，日光灯光线倾向蓝紫味，在日光灯的照射下，蓝色系的物体色彩饱和度会有所增加，红橙色系的色彩饱和度都会有所降低。

在日光灯下色彩的演色性具有下列变化：

A．红色、橙色系（包括褐色类），色相不变，色彩明度、饱和度降低。

B．黄色系色彩变化不大，柠檬黄略带紫味；土黄色类饱和度降低。

C．蓝色、绿色系色相不受影响，色彩饱和度增加，变得更蓝，如果周围有红色作陪衬，效果会很引人注目。

D．紫色、红紫色类色彩色相变化最大，失去部分红色成分，明显变蓝。

3）彩色灯光和其他灯光的演色性

在商业、娱乐场所以及节日喜庆活动中，彩色灯光的设计日趋增多。彩色灯光的演色性由于其光源色具有较高纯度的色相特征，比其他任何光源的演色性都强。有色物体在彩色灯光的照射下，出现较复杂的变化，有时的变化是我们平时难以想像的。下面是一些颜色的物体在彩色灯光照射下的色彩变化：

黑色物体在红色光照射下变成黑紫色；

黑色物体在绿色光照下变成深橄榄色；

黑色物体在蓝色光照射下变成蓝黑色；

白色物体在彩色光照射下接近其光源色；

当物体色与彩色光的色相相同（或近似）时，受光后被照射物会产生光艳；[3]

除了白炽灯、日光灯和彩色灯光之外，还存在各种其他灯光的演色性。（图 7.2.2-2～图 7.2.2-5）

我们常看到商业大街两旁的房屋和物体在钠灯的橙红色光线照射下，显得气氛热烈；而在绿树成荫的小径上盲目搬用橙红色的路灯，就使得幽静的气氛荡然无存，由于橙红色灯光的演色性，青青的树叶会变得灰暗而浑浊。广东省南边的一所小有名气的大学校园里自然环境本来很美，20世纪80年代曾获得全国首次教育建筑规划评比第一名，原来设计的路灯采用白色及乳白色光源，夜间漫步其中，犹如一座景色宜人的公园。后来为了盲目地追求亮度，密密麻麻换上了一种橙红色的节能灯作为路灯，既破坏了优美的校园景色和恬静的氛围，还产生了较强的光污染。

7.3 色光的混合与材质的表现

7.3.1 色光的混合

7.2.1-2 夕阳西下时太阳的色温较低，给大地罩上一层橘红色，皇家普特。EDSA 环境景观规划设计事务所。世界建筑导报。2002（01–02）：11

7.2.1-3 夕阳照射下的树林，专业摄影作品集，全景视拓图片有限公司

7.2.2-1 建筑物在灯光的照射下显得金碧辉煌．作者佚名

7.2.2-2 法国巴黎 库瓦赛大学生公寓过道。世界建筑导报，1999（01–02）：69

7.2.2-3 马西米亚诺．弗克萨斯 法国里昂，教学办公综合大楼 讲演厅外观（夜景）。世界建筑导报 1999（01–02）：44

7.2.2-4 八达岭长城在彩色灯光照射下的演色效果 01，专业摄影作品集，全景视拓图片有限公司

7.2.2-5 八达岭长城在彩色灯光照射下的演色效果 02，专业摄影作品集，全景视拓图片有限公司

7.3.2-1 深圳市深南大道灯光夜景 世界建筑导报，1999（05）：17

夜间环境的用光，有时光源是单一的，有时光源是多色混合的。特别是节日、商业区和旅游景点，用光的复杂性已成为普遍现象。

理论上的光色混合是一种加光混合，本书第二章已有详细的论述。但是，理论上的光色混合没有考虑被光色照射的物体色的演色性，它是假定色光照射在白色屏幕上的显示结果。因此，我们在实际布光时不能生硬搬套理论的教条，要充分把握物体色在灯光下的演色效果，让色光造型结合材质发挥更好的效用。

现实中的光色混合有时较难把握，我们可以根据"加光混合"原理和"光的演色性"综合起来进行预测。

如果我们要向一座白色瓷釉面砖外墙的建筑投射红色（Red）和绿色（Green）两种不同的彩色灯光，主要只须考虑红色和绿色两种彩色灯光加光混合的效果，因为白色瓷釉面砖在彩色灯光的照射下，接近其光源色，不会发生较明显的演色现象，只要考虑它的反射系数。红色加绿色生成黄色，当这两个色光重叠投射到同一区域时，这个区域就会呈现黄色；当这两个色光分别投射到不同区域时，那两个区域就呈现出红色和绿色。

如果这座建筑的外墙是黄色瓷釉面砖，我们同样向它投射红色（Red）和绿色（Green）两种不同的彩色灯光，就要既考虑红色和绿色两种彩色灯光加光混合的效果，又要考虑红色、绿色和黄色光在黄色瓷釉面砖上的演色效果。首先，当这两个色光重叠投射到同一区域时，这个区域就会呈现更明亮、偏浅的黄色，因为红色光和绿色光两种彩色灯光混合后生成黄色光，这束由加光混合产生的黄色光照射在黄色瓷釉面砖上，就会使瓷釉面砖产生光艳，所以墙面会变成明亮的黄色；其次，当这两个色光分别投射到不同区域时，被红光照射的那个区域会呈现橘黄色，这是由于红光照射到黄色瓷釉面砖上产生的演色结果，被绿光照射的那个区域会呈现黄绿色，这也是由于绿光照射到黄色瓷釉面砖上的演色作用所致。此外，还要考虑瓷釉面砖的反射系数。

7.3.2 色光的搭配

设计师在掌握光的演色性和加光混合原理后，就可对色光进行实际搭配。色光的搭配与颜料色彩的搭配在设计思路上是一致的，首先必须根据设计目标确定相应的色调，然后选用组成该色调的一组色光。不同的是在颜料色彩的搭配中，各种色彩之间是以一种色彩关系共存的，各种经调制后涂在画面上的颜色相对独立，不会再发生各色彩之间的混合与渗透。颜料之间的减色混合（色彩调制）是在色彩搭配之前进行的。因此，颜料色彩的色彩调制和色彩搭配，分别属于两个不同的操作阶段而互不干涉。

色光的色彩搭配则不同。各种彩色光之间虽然也以一种色彩关系共存，但各种色光的加光混合与色彩之间的搭配是合二为一、同时进行的。参与混合的色光只要其中某一种发生色相、亮度或纯度的改变，都会直接影响整个色调的搭配。所以色光的搭配比起颜料色彩的搭配要复杂得多，也更难操作。由于色光混合的特殊性，它更能表现色彩的空间感和色彩之间的相互渗透、柔和过渡。色光配合的色彩表现力，也是颜料色彩混合难以企及的。（图 7.3.2-1～图 7.3.2-3）

7.3.3 光照与材质

光的演色性是通过受光的物体表现出来的，而受光物体具体由不同的材质构成。色彩理论认为，物体本身没有颜色，当光线照射到物体上，吸收了部分色光，也反射了部分色光，反射出来的这部分色光就是人们视觉能感知的“物体色”。（图 7.3.3-1～图 7.3.3-4）

构成物体的材质由于表面光滑程度和质地的不同，其反射光线的程度也各有差异。光滑而坚硬的材质，其表面反射光线的能力强，如光滑的金属、上釉陶瓷等；粗糙或柔软的材质，其表面反射光线的能力弱，如：砂、土陶、纤维、室内织物等。还有一些材料是透明或半透明的，它们还具有透光性能，如玻璃、一些塑料等。

(1)材料的光反射能力

不透明材料在光的照射下，一部分光被吸收，一部分光被反射，这取决于它表面的光滑程度和它的内部分子结构。我们通常用材料受光照射后的反射系数值来表示材料的反射能力，它可作为我们设计时的参考。以下是一些常见建筑材料的反射系数 ρ 数值。[4]

材料的反射系数 ρ 的数值

材料名称	ρ	材料名称	ρ
新抹灰面	0.75～0.85	黄白色	0.72
一般白灰抹面	0.55～0.75	蓝白色	0.61
水泥砂浆抹面	0.32	浅粉白色	0.65
石膏	0.91	塑料贴面板	
大白粉刷	0.75	浅黄色木纹	0.36
白水泥	0.75	中黄色木纹	0.30
水磨石		深棕色木纹	0.12
白色	0.70	胶合板	0.58
白色间灰黑色	0.52	木材	0.30～0.50
白色间绿色	0.66	透明漆饰面	0.40～0.60
黑灰色	0.10	清漆饰面	0.20～0.40
大理石		白色漆	0.85
白色	0.60	调合漆	

7.3.2-1 深圳市深南大道灯光夜景 世界建筑导报，1999(05)：17

7.3.2-2 深圳市区灯光夜景 世界建筑导报，1999(05)：23

7.3.2-3 会议中心.法国图尔市 让·路维尔，世界建筑导报 1999 (01-02)：134

7.3.3-1 不同的灯光与材质结合 产生不同的光照效果，西萨 佩里事务所，关西机场设计。世界建筑导报，1998 增刊(02)：68

7.3.3-2 西萨 佩里事务所，万宝市场建筑群 此图与图 7.1.1-5 是同一座建筑物，由于光照的不同，色彩感受截然不同。世界建筑导报，1998 增刊(02)：115

7.3.3-3 莱比锡新交易会馆－中庭夜景，GMP 建筑工作室。世界建筑导报，2000(04-05)：53

7.3.3-4〔1〕 圣尼古拉体育场，意大利巴里（白天）。世界建筑导报，1999 (01-02)：17

7.3.3-4〔2〕 圣尼古拉体育场，意大利巴里（晚上）。世界建筑导报，1999 (01-02)：18

7.3.3-5 GMP 建筑工作室，娱乐中心，汉堡。世界建筑导报，2000 (04-05)：47

7.3.3-6 人造光，巴登节日剧院，奥地利，威尔海姆·霍兹鲍耶。吴力人.现代建筑三人行〔M〕，江西科学技术出版社，1999 184

7.3.3-2	7.3.2-2 7.3.2-3 7.3.3-1 7.3.3-3 7.3.3-6	7.3.3-5 7.3.3-4〔1〕 7.3.3-4〔2〕

材料名称	ρ	材料名称	ρ
乳色间绿色	0.39	白色或米黄色	0.70
红色	0.32	中黄色	0.57
黑色	0.08	白色乳胶漆	0.84
瓷釉面砖		白色磁漆	0.85
白色	0.80	浅色织品窗帷	0.30～0.50
黄绿色	0.62	粗白窗纸	0.30～0.50
粉色	0.65	黑　纸	0.05～0.10
天蓝色	0.55	黑　布	0.02～0.03
黑色	0.08	玻　璃	
地面用瓷砖		普通玻璃	0.08
浅色乙烯基瓷砖	0.40～0.70	磨砂玻璃	
		压花玻璃	0.15～0.25
深色乙烯基瓷砖	0.10～0.20	套色玻璃	0.30～0.40
陶瓷锦砖[马赛克]		乳色玻璃	0.60～0.70
白色	0.59	镜面玻璃	0.88～0.99
浅蓝色	0.42	不锈钢	0.55～0.65
浅咖啡色	0.31	钢　材	0.50～0.60
绿色	0.25	铝　板	0.60～0.80
深咖啡色	0.20	铬	0.50～0.65
地面用陶砖		镀锌钢板	0.30～0.40
土黄色	0.53	红　砖	0.33
朱砂	0.19	灰　砖	0.23
广漆地板	0.10	浅色砖	0.30～0.40
菱苦土地面	0.15	石　材	0.25～0.50
混凝土地面	0.20	混凝土	0.20～0.30
沥青地面	0.10	白色砾石	0.20～0.40
铸铁、钢板地面	0.15	水泥瓦	0.20～0.30
塑料壁纸		深色瓦	0.10～0.20

(2)材料的光透射能力

现代建筑与环境设计经常要用到透明和半透明材料，由于材料的透明度、厚度以及它的正反两个表面不平行或不均匀，都会影响到透射效果。透光材料的透射系数值用 τ 表示，下面的列表可以供我们设计参考。[5]

透光材料的透射系数 τ 的数值

材料名称	颜色	厚度（mm）	ρ
普通玻璃	无色	3～6	0.78～0.82
钢化玻璃	无色	5～6	0.78
磨砂玻璃（花纹深密）	无色	3～6	0.55～0.60
压花玻璃（花纹深密）	无色	3	0.57
（花纹浅稀）	无色	3	0.71
夹丝玻璃	无色	6	0.76
压花夹丝玻璃			
（花纹浅稀）	无色	6	0.66
夹层安全玻璃	无色	3+3	0.78
双层隔热玻璃			
（空气层 5mm）	本色	3+5+3	0.64
吸热玻璃	蓝色	3～5	0.52～0.64
	灰色	——	0.40
	茶褐色	——	0.50
热反射玻璃	绿色	——	0.50
	茶褐色	——	0.33
镀聚酯膜净片玻璃			
（防紫外线）	无色	3	0.75
镀非反射性半透明			
着色膜净片玻璃	无色	3	0.22
乳白玻璃	乳白色	1	0.60
有机玻璃	无色	2～6	0.85
乳白有机玻璃	乳白色	3	0.20
玻璃砖	无色	——	0.40～0.50
吸热玻璃砖	无色	——	0.35～0.45
聚苯乙烯板	无色	3	0.78
聚氯乙烯板	本色	2	0.60
聚碳酸酯板	无色	3	0.74
聚酯玻璃板	本色	3～4 层布	0.73～0.77
	绿色	3～4 层布	0.62～0.67
小波玻璃钢瓦	绿色	——	0.38
大波玻璃钢瓦	绿色	——	0.48
玻璃钢罩	本色	3～4 层布	0.72～0.74
钢窗纱	绿色	——	0.70
镀锌钢丝网			
[孔（20 × 20）mm²]	–	——	0.89
薄地窗帷	浅色	——	0.10～0.30
	深色	——	0.01～0.05
透明尼龙地	本色	——	0.65～0.75
天鹅绒	黑色	——	0.10～0.001
糊窗纸	本色	——	0.35～0.50
半透明塑料	白色	——	0.30～0.50
	深色	——	0.01～0.10

参考文献：

〔1〕 高履泰.建筑光环境设计〔M〕.北京：水利电力出版社，1991
〔2〕 朱保良等.室内环境设计〔M〕.上海：同济大学出版社，1991
〔3〕 李煜.色彩设计中的演色性〔J〕.设计新潮，1997
〔4〕 高履泰.建筑光环境设计〔M〕.北京：水利电力出版社，1991
〔5〕 高履泰.建筑光环境设计〔M〕.北京：水利电力出版社，1991

第八章
环境设计中的色彩应用

8.1　色彩设计的基本法则

8.1.1　变化与统一

"变化与统一"是物质世界存在的基本方式，也是自然界色彩变换的基本规律。色彩设计如果没有"变化"就会停滞、呆板、失去生气；如果没有"统一"就会失去整体和平衡。

"变化与统一"原则贯穿色彩设计的始终，我们在进行环境色彩设计时，经常会涉及到以下方面的问题：

(1)一年四季的色彩变化

四季的更替直接带来色彩变化。春天万木复苏，世界充满盎然的绿色生机；夏天炎热火辣，大自然呈现出一片茂盛和葱茏；秋天是收获的季节，大地披上橙黄色的金装；冬天寒气逼人，旷野经常被白雪银装素裹。把色彩与四季联系起来，我国古代就有精辟的论述。"阴阳五行"学说把世界上的很多事物都与"木"、"火"、"土"、"金"、"水"五行建立了内在的联系，色彩就是其中的一种。与"阴阳五行"相对应的色彩是"五方正色"，它奠定了中国传统色彩的哲学基础。

以下是"阴阳五行"与"五方正色"以及其他事物的对照。

阴阳五行：	木	火	土	金	水
五方正色：	青	赤	黄	白	黑
时：	春	夏	四季	秋	冬
方：	东	南	中央	西	北
神：	青龙	朱雀	黄龙	白虎	玄武
情：	喜	乐	欲	怒	哀
味：	酸	苦	甘	辛	咸
音：	角	徵	宫	商	羽
	……				

中国传统色彩与西方色彩理论的最大区别是：中国色彩是基于社会学和心理学的"观念色彩"，而西方色彩是基于物理学的"光学色彩"。如中国民间喜庆对"黄道吉日"的选择，婚嫁时对嫁妆、用具以及室内外环境的大规模红色系列的应用，就是一种整体的观念色彩的运筹。

(2)不同地域、环境、海拔的色彩变化

从光学色彩的角度来看，色彩来自于光。不同地域、环境和海拔等地理因素会对光色产生一定影响，因而形成不同的色彩变化。

8.1.1-1　青藏高原上湛蓝色的天空，专业摄影作品集。全景视拓图片有限公司

8.1.1-1

到过高原的摄影爱好者对色彩的最大感受，莫过于那蓝得不可思议的湛蓝色的天空，对于长期生活在二氧化硫和可吸入微粒的都市里的人们，高原上透过清新空气的蓝天白云，确实会让人感到震撼。这是因为空气稀薄，大气中的水蒸气和尘埃减少，色彩的空间透视现象减弱。如果你在沙漠里拍照和在森林里拍照，得到的照片色彩前者偏暖，后者偏冷，这是因为沙漠的黄褐色和森林的绿青色对环境的影响所至。我们在色彩设计中要充分考虑到这些因素。（图 8.1.1-1，图 8.1.1-2）

(3)不同人文环境、商业氛围的色彩倾向

人文环境和商业氛围是我们进行色彩设计必须关注的一个重要问题，有时它会上升到首要问题。

我们设计主题环境，大都离不开它的文化背景和用途。儿童游乐厅与水族馆的环境色彩不仅存在着欢乐、明快与寂静、和谐的个性差异，教育方式、人文关怀、理想信念、科学知识，直至人流导向、视觉吸收、票房收入等一系列文化与商业的潜在问题，都必须在我们的谋略之中。

假如把麦当劳的室内色彩照搬到一个图书馆的室内设计中去，恐怕这个图书馆用不了多久就会因读者的减少而被迫关门。

(4)色彩学范围内本身的色彩变化

色彩学范围内本身的色彩变化，主要有色彩的色相变化、明度变化、饱和度变化，色彩的面积变化，色彩的位置变化，色彩引起的心理变化等。

8.1.2 对比与和谐

对比与和谐是“变化与统一”原则在用色中的一种具体的表达，与它相对应的是艺用色彩学的“对比－调和”理论。我们可以把色彩对比与色彩调和看作是一对相互可逆、相互转换的操作方式。当色彩之间对比过于强烈时，可以看作是这些色彩调和得不够，或不和谐，应该把它们之间的对比减弱；当色彩之间的对比微弱时，可看作是这些色彩过于调和，以至于使色彩之间拉不开对比关系，应该加大它们相互之间的对比差距；当色彩之间对比适中时，它的调合也适中，趋于基本和谐状态。而对于是否和谐的评判，又因设计师的主观因素有所差别。

色彩的对比有色相对比、明度对比、饱和度对比、面积对比、并置对比等。由于色相、明度、饱和度属于色彩设计最常见的基础知识，这里不一一赘述，下面仅列举面积、并置所产生的对比与和谐。

(1)色彩的面积对比

面积对比在色彩设计中由于不属于色彩的“三要素”，往往不被人们所重视。所谓“色彩面积对比”在色彩设计中有两层含义：一是指界面中面积较大的色块与面积较小的色块之间的对比，二是指界面中一种颜色（或一类颜色）的总面积与另一种颜色（或另一类颜色）总面积之间的对比。

色彩面积对比直接影响到色彩的构图，它主要构成画面主色调，并起到色彩均衡的作用。

当一组具有共同色彩倾向（通常指色相）的色块面积在画面空间中占据了主导地位，就形成了以这组颜色为主的主色调。主调颜色的面积越大，主色调的倾向就越明显；如果要减弱某一主调色，就要减少这种（或这类）颜色在画面空间的面积，使之趋于隐晦与和谐。

在大面积的主调色中，使用小面积的补色，是营造既和谐又富有对比的较好的设色方法。譬如在一片大面积的绿色草坪中，设计一、两个身穿红裙的少女，从色彩学的角度看，它运用了色彩面积对比的手法，同时体现出“万绿丛中一点红”的审美意境。

色彩的面积还可调节画面中色彩的均衡。如果某一种（或某一类）色彩在画面空间中的位置太偏左、或太偏右、或集中在某一个位置，使画面失去平衡，就要在相反或相对的方位增设一些相同色彩倾向的色块，让色彩在整个画面空间中取得和谐、平衡的效果。（图 8.1.2-1～图 8.1.2-4）

(2)色彩的并置对比

8.1.2-1　大面积的绿色、黄色墙面和地面，跟红色的沙发形成色彩面积的对比，NBBJ建筑事务所，Burger King公司总部。世界建筑导报，2001(01－02)：6

8.1.1-2　阳光下孤零零的高原废墟，专业摄影作品集。全景视拓图片有限公司

8.1.2–2　较大面积的绿色系与较小面积的红色系产生面积对比，作品提供：陈雪，指导教师田少煦

8.1.2–3　在较大面积的红橙色中穿插少量蓝色，使色彩既有色相对比又有面积变化。朱瑭.梦者.牵手新世纪，长春：吉林美术出版社，1999.57

8.1.2–4　占主导地位的大面积红橙色彩支配了画面，并与少量绿色产生强烈的色相对比。保坂 丈二.头巾｜牵手新世纪.长春：吉林美术出版社，1999.128

色彩的并置对比也称同时对比，它是指人眼同时受到不同色彩刺激时，色彩感觉发生互相排斥的现象。这种刺激的结果使相邻的颜色改变原来的性质，向相反的方向发展。

色彩并置产生的同时对比有如下的规律：

① 亮色与暗色相邻，亮色显得更亮，暗色显得更暗；

② 不同色相的颜色相邻时，都倾向于将对方推向自己的补色；

③ 同时对比的效果，随着相邻颜色的饱和度增加而增加，色块的相邻之处（即色块交界的边缘部分）对比最明显；

④ 同时对比的作用，只有在色块相邻时才能产生，其中以一色包围另一色时的效果最为明显。

根据这些规律，我们在色彩设计时就可以有意让想要突显的颜色产生同时对比，让想要隐退的颜色避开同时对比。

8.1.3　重复与渐变

“重复”是自然界表现出来的普遍规律之一。日出日落、四季交替、心跳呼吸、细胞组合、万物的生长与死亡，无不包含着重复。重复能带来有规律的律动、欢快，展现生命的延续，能加深我们对事物的印象及认识；呆板的重复也能带给人们单调、乏味和平淡。

色彩设计中的“重复”运用必不可少。

第一，它能使色彩之间产生明显的联系和视觉上的呼应，加强画面色彩的反复和律动。

第二，重复色彩的反复出现，如果能结合色彩面积的大小变化，会增加画面色彩的层次感，促使画面形成某一主色调。

“渐变”是与“重复”相关联的特殊变化形式，是一种有秩序、有节律的变化和运动，也可以说是“动”与“静”的有机结合。它的“动”，是指它的每个个体都处在一定量的渐进变化之中；而它的“静”，则体现在它的每个个体之间的相似和变化的迟缓。

“渐变”给人总的印象是平稳过渡和连续不断，这其中，选择适当的渐变节奏有着重要意义。节奏的迟、缓、强、弱，要视

8.1.2–1 | 8.1.2–2

8.1.2–4　8.1.2–3

8.1.1–2

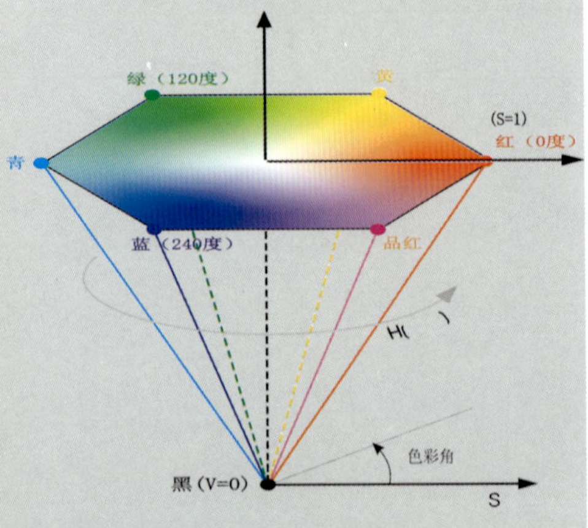

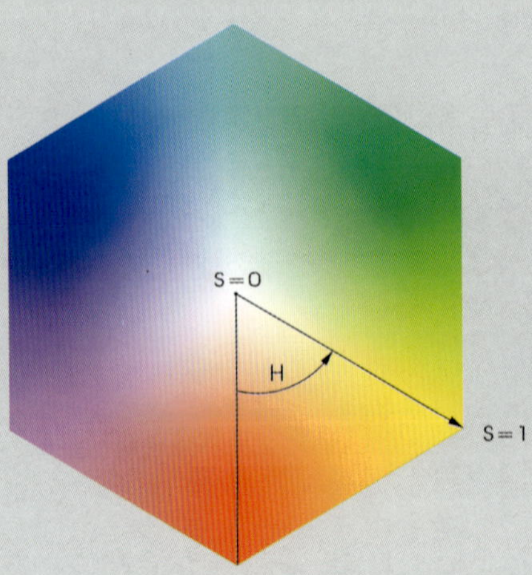

表现的内容不同而确定，它是产生不同渐变视觉的关键。色彩渐变的形式，包含色相、明度、饱和度等色彩要素，同时又与色彩的形状、面积、位置、方向、路径等非色彩因素密切相关。矢量图形软件corel DRAW中有关渐变的功能，在某些方面是设计得较成功的范例。

如Corel DRAW 10的“互动式渐变工具”，具有三种色彩渐变的方式：①“直接渐变”，即从颜色甲到颜色乙直接的色彩渐变；②“顺时针渐变”，即颜色甲到颜色乙的色彩渐变按照顺时针方向依次渐变；③“逆时针渐变”，即颜色甲到颜色乙的色彩渐变按照逆时针方向依次渐变。Corel DRAW还设置了“色彩加速”和“物件加速”，能调节色彩渐变的速度和形体位置渐变的速度；另外还设置了“加速改变大小的渐变”和“连接渐变加速”，使形体的形状、位置、方向、路径都能按预定的设想渐变调节。

8.2.1-1　HSV色彩模型六边形色平面．田少煦

8.2.1-2　红紫色调．Shane Hunt，精通Corel DRAW 8 创意设计，chapt16 – Angel，北京：中国水利水电出版社，1998

8．2　数字色彩的视觉化分析

从第二章中我们知道：用户（设计师）直观的色彩模型是HSV色彩模型，因为它跟孟塞尔色彩模型最接近，最适合视觉的直观表达。数字色彩的视觉化分析就是围绕HSV色彩模型展开的。

8.2.1　以色相为中心的主色调（在同一色平面上配色）

在HSV用户（设计师）直观的色彩模型中，六棱锥顶面的六

边形，是一个饱和度最高的有彩色系的色相环。在这个六边形色相环中，色相是沿逆时针方向变化的，用H（hue）来表示色相。每变换1°夹角，色相就有细微的变化。从0°到360°，色相变化的顺序按红－橙－黄－绿－蓝－紫，每个颜色相隔60°，这六个颜色也构成了六边形的六个顶点。从0°到359°，色相按光谱色带依次排列，当到达360°时，色相又回到0°时的色彩。

在这个六边形中，还有一个表示色彩饱和度变化的量，它用S（saturation）表示。当颜色位于六边形中心时，颜色的饱和度为0（S = 0），呈纯白色。饱和度的变化由六边形中心向六边形外框逐渐增大，位于六边形外框上的颜色的饱和度最高，也是我们常说的纯色。

以色相为主色调是我们在设计中最常使用的做法，如红色调、黄色调、蓝色调等等。主色调就是以某一种或某一类颜色的色相为主，在色调中起主导和统调的作用。

红色调（或红橙色调）构成红色调的颜色，大都来自于红色附近，各种红色类的色彩在画面中占有主导地位，就形成了红色调。依此类推，橙色调、黄色调、绿色调、蓝色调，紫色调，还有其他色调，都遵循这样的法则。（图8.2.1－1～图8.2.1－14）

8.2.1－3　红橙色调．埃里克·拉菲 弗朗索瓦·莫里亚克故居博物馆 法国朗贡 室内。世界建筑导报，1999(01－02)：12

8.2.1－4　橙色调，室内色彩，商店装饰．作者佚名

8.2.1－5　黄橙色调．Shane Hunt，精通Corel DRAW 8 创意设计，chapt16 － Angel，北京：中国水利水电出版社，1998

8.2.1－1　8.2.1－2　8.2.1－3
8.2.1－4
8.2.1－5

8.2.1-6 黄色调.西萨 佩里事务所 华盛顿国家机场候机楼雨篷。世界建筑导报，1998增刊(02)：121

8.2.1-6 8.2.1-8-(2)
8.2.1-8-(3)
8.2.1-8-(4)
8.2.1-7 8.2.1-8-(1) 8.2.1-9

8.2.1-7 黄绿色调. 埃里克 拉菲 弗朗索瓦 莫里亚克故居博物馆 法国朗贡 室内。世界建筑导报，1999(01-02)：12

8.2.1-8(1) 绿色调. 作品提供：李行

8.2.1–8(2)　绿色调，作品提供：柳敏之

8.2.1–8(3)　绿色调，选自南海油田挂历 01，作者佚名

8.2.1–8(4)　绿色调，韩国熙林建筑师事务所，仁川国际航空空港，世界建筑导报，2001(03)：15

8.2.1–9　蓝绿色调，Shane Hunt，精通 Corel DRAW 8 创意设计，chapt16 – Angel，北京：中国水利水电出版社，1998

8.2.1–10(1) 蓝色调，舞厅，作品提供：潘绪江

8.2.1–10(2) 蓝色调，作品提供：李行

8.2.1–10(3) 蓝色调，选自南海油田挂历02，作者佚名

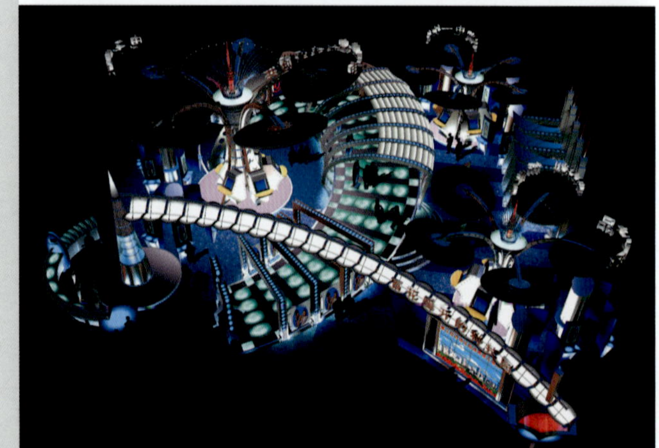

8.2.1–10(1) 8.2.1–10(2) 8.2.1–10(3) 8.2.1–14 8.2.1–12	8.2.1–11 8.2.1–13 8.2.2–1

8.2.1–14 灰色调，略带绿味的灰色调宁静而雅致，用无彩色系的黑色和灰色把它们进行分割，结合线条的曲直、粗细变化，更显出作者的艺术修养。上海交行签字厅前走廊，作品提供：潘绪江

8.2.1–12 紫色调 ART SHOW mon00044

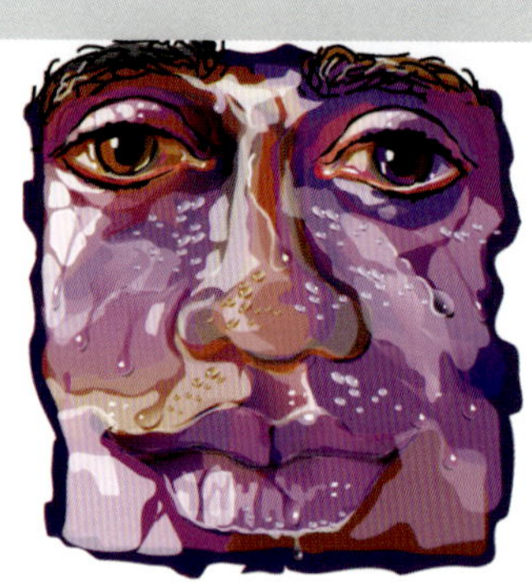

8.2.1—11　蓝紫色调．Shane Hunt．精通 Corel DRAW 8 创意设计．chapt16— Angel．北京：中国水利水电出版社，1998

8.2.1—13　紫红色调 GMP建筑工作室专辑，娱乐中心 汉堡。世界建筑导报，2000(04—05)：48

8.2.2　以明度及饱和度为中心的复色调（在同一色立体上配色）

在数字色彩设计中，我们把HSV六棱锥顶面六边形色平面以外的有彩色系的颜色，统称为复色。也就是说，当人们把六边形色平面之内的颜色加入黑色成分之后，它就变成了复色；还有一种情况是：在CMYK色彩模式里，如果这个颜色的成分里出现了C、M、Y、K中的任何三种成分，这个颜色就是复色，它相当于我们用颜料调色时，把两种以上的间色调和在一起。这种设色的直观体现，在Corel DRAW软件的"三维减色"设色方式中表现得非常清楚，而在photoshop等Adobe的软件中却不能得到直观的表达，必须通过抽象的数字输入才能体现。

我们把HSV六棱锥在红色的位置上纵向剖开，可得到一个等腰三角形的红色剖面图。这个剖面图显示了红颜色的明度及饱和度变化趋势。(图 8.2.2—1)

为了便于初步的色彩搭配和鉴于人眼识别颜色的敏锐程度，我们分别把等腰直角三角形两腰上的色彩分成5个等级。

水平方向是有彩色系的颜色，它显示颜色的饱和度变化。最左边的颜色饱和度为0，就是没有彩色，呈纯白色；最右边的颜色是这个色相中最纯的颜色，饱和度最高；中间三个等级颜色的饱和度从左至右依次增大。

垂直方向是无彩色系的颜色，它显示颜色的明度变化。最上面的颜色明度最高；垂直中心轴的顶端呈纯白色，与S ＝ 0的有彩色系的颜色重合，垂直中心轴最下面的颜色明度最低，是纯黑色，中间三个等级颜色的明度从上至下依次减弱。

三角形内部与直角边上的颜色纵横对齐，正好能排列三个等级含有灰色成分的有彩色系的颜色；三角形斜边也与之对应，正好能排列三个不同等级含有黑色成分的纯色。这个色表呈"三三制"：它由3个饱和度变化的颜色、3个明度变化的颜色、3个含有灰色（计算机里没有"加白色"的概念，"加白色"就相当于在颜色里降低饱和度）的颜色组成，把这9个有彩色系的颜色跟1个纯色加起来，共10个等级，它们都能在水平方向和垂直方向上相互对齐。

如果我们在某一个纵截面三角形中的10个等级颜色之间进行一对一的色彩搭配，就构成了以明度和饱和度为中心的复色调设色，它可以得到45种不同颜色的搭配效果；如果把这10个等级的颜色分别与其他另两种颜色进行一对二的色彩搭配，又可得到64种新的搭配效果；若是改变这种一对二的顺序和颜色比例，又会丛生出更多的配色，这种配色训练既方法简便，又花样繁多，是手工调制颜料的"色彩构成"所无法比拟的。

在这类色彩搭配中，如果我们想侧重明度方面的效果，选择

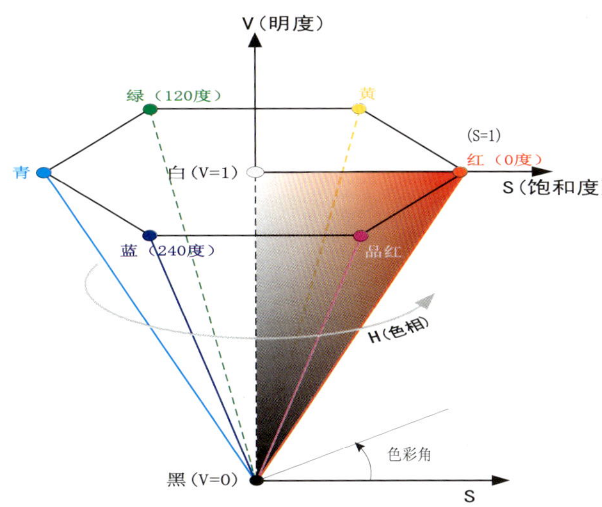

8.2.2—1　HSV 色彩六棱锥纵向剖面图．田少煦

8.2.2-2　数字色系——[五级]饱和度、明度色表．田少煦
8.2.2-3　明度与饱和度变化．stephane1．作者佚名
8.2.2-4　不同饱和度的蓝色系列呈有秩序的变化．GMP建筑工作室专辑，斯图加特多功能中心－圆形大厅．世界建筑导报，2000(04–05)：80

8.2.2-4	8.2.2-5(1)
8.2.2-2	8.2.2-5(2)
8.2.2-3	8.2.2-6

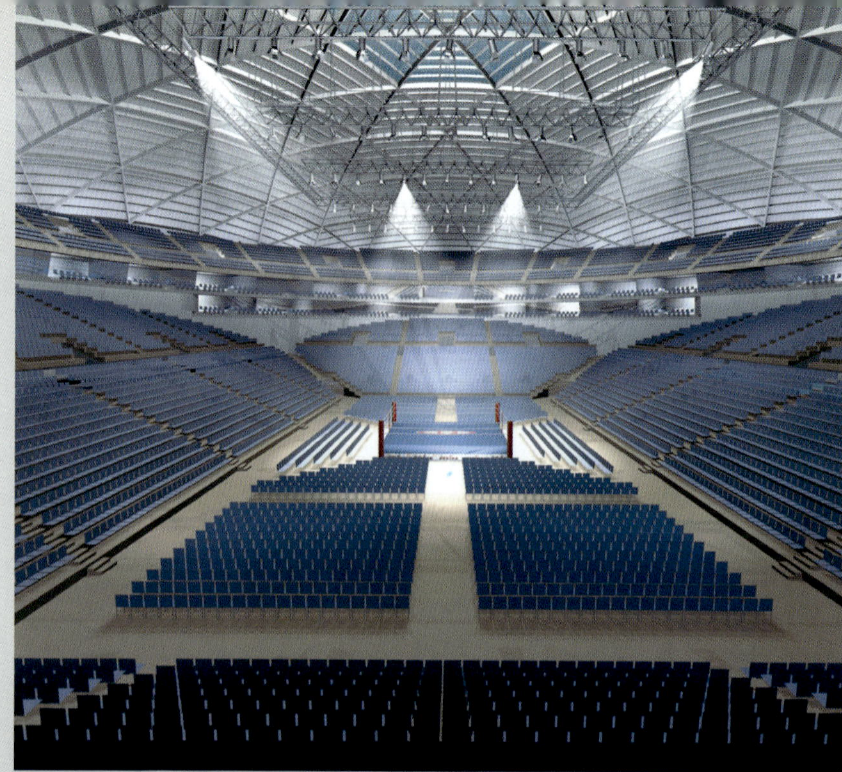

颜色时就尽量注重竖直方面的色彩关系，使搭配出来的色彩效果，具有较明显的明度对比的特点；如果我们想侧重饱和度方面的效果，选择颜色时就尽量注重水平方向的色彩关系，使搭配出来的色彩效果，具有较明显的饱和度对比的特点。

依此类推，红色、黄色、绿色、青色、蓝色、品红等任何色相的颜色都可以这样，我们设计了含有6个标准色（红色、黄色、绿色、青色、蓝色、品红）的"数字色系——（五级）饱和度、明度色表"，示意它可以用于360°色相环中的任何色相的颜色。（图8.2.2-2～图8.2.2-6）

当然，在现实的色彩设计中，我们很少遇到同种色的明度与饱和度的色彩搭配，它还将涉及到其他色相的明度与饱和度。这就引出了下面的话题：复杂配置的综合配色。

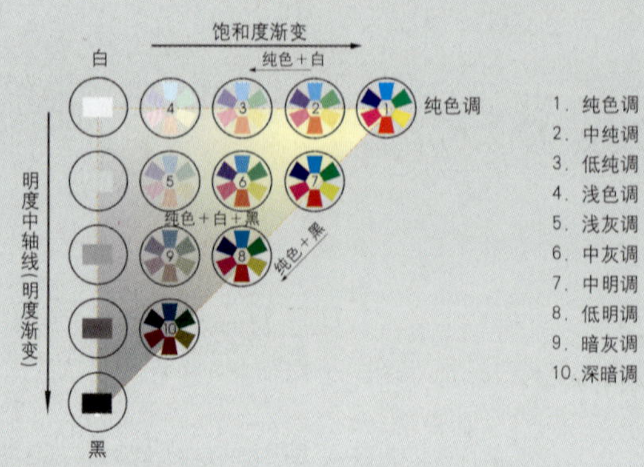

"三三制"：三个饱和度变化色、三个明度变化色、三个含灰色

8.2.2-5[1] 着重无彩色系明度的色彩变化，魔鬼天堂的黑夜，作品提供：麦艳云，指导教师田少煦

8.2.2-5[2] 着重高饱和度的色彩变化，魔兽降临，作品提供：麦艳云，指导教师田少煦

8.2.2-6 各种高饱和度的间色相互争艳。〔美〕坎纳建筑师事务所，波普建筑。中国建筑工业出版社、江西科学技术出版社，1999，2

8.2.3 复杂配置的综合色调（同时在不同的色平面和色立体上交叉配色）

在实际的色彩设计中，我们很少只用到色相之间的色彩对比这样简单的色彩搭配，或者某一种色相颜色的明度与饱和度的简单搭配，它们都或多或少涉及到色相、明度、饱和度三者的综合运用。这就要求设计者把上述两种情况："主色调"（8.2.1）和"复色调"（8.2.2）的设色方法综合起来，把HSV六棱锥横切面的色彩与纵切面的色彩合在一起综合运用。

事实上，我们在设计主色调的实践中，并不是仅仅选用HSV顶面六边形色环中的色彩，在很多情况下，我们还要选用色相相同或相近、但明度（含黑程度）不同的色彩，它们位于与顶面六边形平行的其他横截面的六边形之中（如图8.2.3–1 ～ 图8.2.3–5）。我们也可以把HSV的六棱锥色彩模型横向切开，得到一个与顶面色相相同，但饱和度低一些的横截面图。

8.2.3–6	复杂配置的综合色调，室内运动场空间的气氛渲染 1，Urban Graphics，Madison Square Press，56
8.2.3–1	HSV 六棱锥明度在 100%时的色平面
8.2.3–2	HSV 六棱锥明度在 80%时的色平面
8.2.3–3	HSV 六棱锥明度在 60%时的色平面
8.2.3–4	HSV 六棱锥明度在 40%时的色平面
8.2.3–5	HSV 六棱锥明度在 20%时的色平面

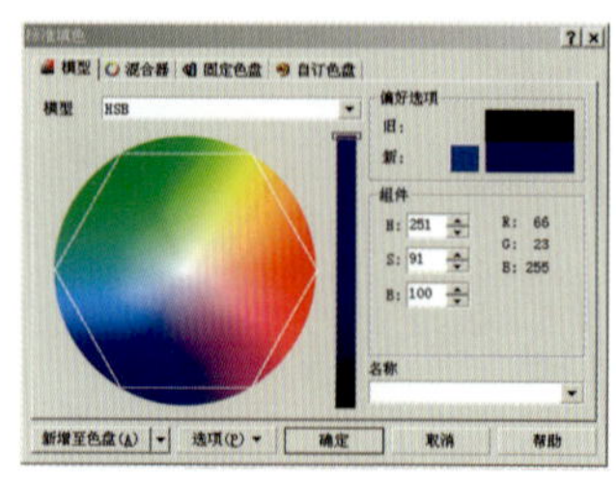

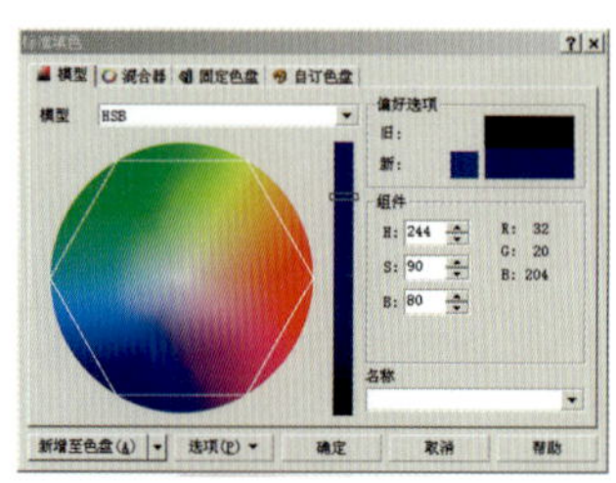

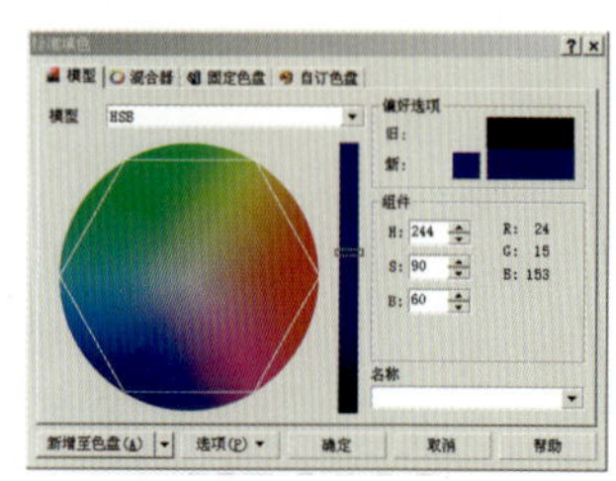

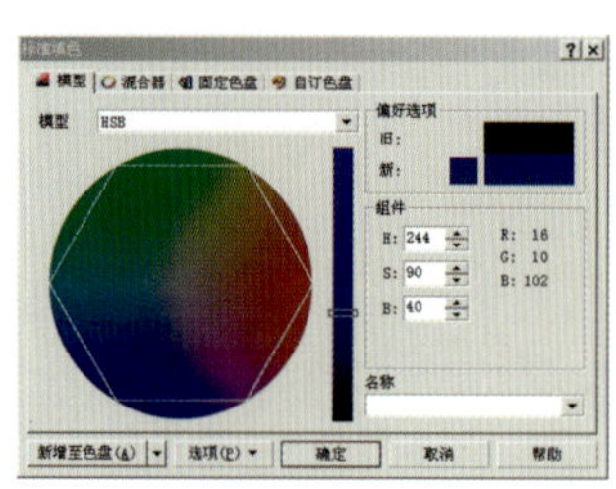

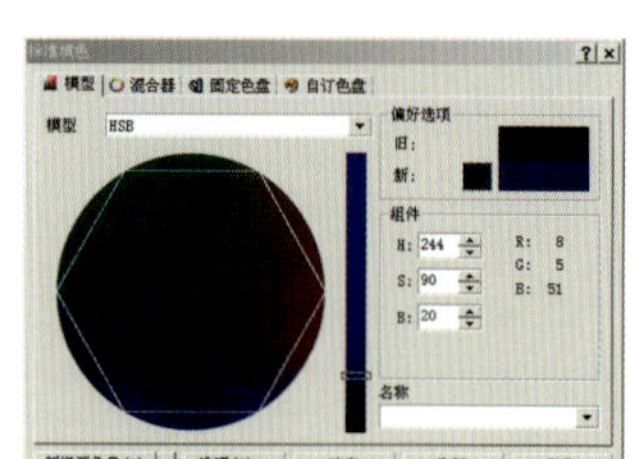

8.2.3–6	8.2.3–8
8.2.3–1	8.2.3–9
8.2.3–2 8.2.3–3	8.2.3–7
8.2.3–4 8.2.3–5	

譬如一幅黄色调的设计，不仅有柠檬黄、中黄等高饱和度的纯色，还有淡黄、浅黄等中、低饱和度的颜色（相当于在黄里面加入白颜色），也许还要搭配深黄、灰黄等含有一定黑色成分或其他颜色的中、低明度的黄色。

我们先在HSV色平面中选择1～3种不同色相的颜色（包括不含黑色的复色），然后把它们分别引入HSV六棱锥纵切面图，分别得到1～3组不同色系的饱和度、明度颜色，把这1～3组不同色系的颜色进行有目的的相互搭配，就得到了我们实际设计中所需的颜色。如果你的设计要求颜色非常丰富，就多选几种色相，色相选择得越多，搭配出来的颜色就越丰富。

这个示意图不是死板的教条。根据CIE三维颜色空间，在每个亮度平面上具有与最外层相同的色度（主波长与纯度），因此我们在低明度范围选色时，要适当增加颜色的饱和度级数，譬如在"9"级左右可适当增加相同明度、不同饱和度的颜色。（图8.2.3-6～图8.2.3-9）

8.2.3-7　暗色调与暗灰调的色彩组合。陈小青.色彩构成与设计.广州：广东科技出版社，1996，74

8.2.3-8　明灰调与暗灰调的色彩组合。陈小青.色彩构成与设计.广州：广东科技出版社，1996，60

8.2.3-9　明灰调与暗灰调的色彩组合。陈小青.色彩构成与设计.广州：广东科技出版社，1996，60

8.3　主导色、背景色与点缀色

8.3.1　区域环境的主导色与辅助色

城市环境与小区环境的色彩倾向，往往体现了一个区域的地方特色与文化品位。由于我国的城市规划长期以来一直局限在理工类学科的圈子里，没有擅长色彩规划的艺术设计人员参加，使得这一项富有意义的设计活动极少在我国的城市建设中开展。如果说西双版纳的傣族竹楼、岷江两岸灰褐色的石头羌寨、大西南崇山峻岭中的干栏式群落以及江南水乡的灰瓦、白墙、青石板路小镇还保留下一些"地理色彩"的遗迹的话，那么，如今全国上千座大、中城市的色彩几乎失去了自己的特色。林立的大厦从南到北披上了单调而划一的玻璃幕墙外衣；无论火柴盒式的写字楼还是欧陆风情的豪华小区，大多被"白色恐怖"和有气无力的低饱和度色彩所包围；繁华的街道上充斥着杂乱无章的商业色彩，破坏视觉和谐的射灯、激光与霓虹灯，营造着一种浮躁和低俗的文化氛围。

城市形象的美感之一，来自城区色彩的整体规划设计，如果只从城市轮廓线、尺度、体量、空间、布局及城市细部等方面下功夫，只注意它们的中轴线、天际线，或秩序感、肌理等，而忽略色彩在城市设计中的位置，只会收到事倍功半的结果。俗话说，"远看颜色近看花"，如果大的色彩关系和色彩效果很糟，细部的刻画又能增色多少呢？就好比麻布口袋上绣花，再精美的针脚、丝线和花样，一旦融入其中，结果是不难想像的。（图8.

3.1-1～图8.3.1-2）

城市环境色彩的设计，更强调统一之中求变化以及色彩的节奏与韵律。只有在城市整体色彩统一的前提下，社区的色彩倾向才能有所显现。为了避免使用的颜色过多而引起紊乱，我们可把计划中的色彩分为两组：即主导色与辅助色。

8.3.1-1 紫红色的中银大厦，中银大厦的紫红色与小区的环境色彩不协调，不但没有营造出高贵、典雅的效果，反而给人“脏”的感觉。田少煦

8.3.1-2 深圳市发展银行周围的四座大厦，有“四兄弟”之称，这哥儿四个既没有在造型上相互照应、形成一定的空间关系，在色彩上也是各唱各的调，色相、明度、材料的运用显得极不协调。这是典型的没有色彩规划的城市建设案例。田少煦

8.3.1-3 翠绿色的屋顶与周围的森林和草地构成了高尔夫球俱乐部的主导色，里格克里斯皇家高尔夫球俱乐部。世界建筑导报，1998(01)：61

8.3.1-1	8.3.1-5
8.3.1-2	8.3.1-4
8.3.1-3	8.3.1-6
	8.3.1-7

8.3.1–4　淡绿色成为该建筑群的主导色。北京水晶石电脑图像开发有限责任公司.北京：北京腾图电子出版社，1999

8.3.1–5　蓝灰色成为建筑群的主导色。北京水晶石电脑图像开发有限责任公司，北京：北京腾图电子出版社，1999

8.3.1–6　由红色构成建筑群的主导色，博尼芳丹博物馆。世界建筑导报，1997（04）：23

8.3.1–7　白色调建筑，位于印度的泰姬－玛哈尔陵墓（Taj Mahal），始建于1632年，完成于1647年。98图库，美国柯达公司制作，香港致力科技有限公司，1998

(1)主导色

主导色就是对区域色彩起主导作用的一组色彩，它决定了这个区域色彩的个性。主导色一般具有明显的色彩倾向。自然地理因素、人文社会因素、社区的特色因素，都可作为设立主导色的依据。如海滨城市跟大海融为一体，可把主导色设计为蓝色调或绿青色调；林区城镇则可以森林的绿色调作为自己的主导色；热带城市为了减轻日光直射带来的高温，可把反射率最强的白色系列或银色系列作为主导色；在阴阳五行哲学观念中，五色与五方是联系在一起的，东方为青、南方为赤、西方为白、北方为黑，这些都为主导色的设定奠定了心理学和社会学基础。(图8.3.1—3～图8.3.1—12)

一座城市或一个城区的色形并不像一套服装、一幅广告的色彩那样简单，仅有一组主导色是远远不够的，必须配以相关的辅助色加以丰富和完善。

8.3.1—8 白色调建筑，勒·柯布西耶，法国朗香教堂。作者佚名

8.3.1—9 白色调建筑群，管理办公楼。世界建筑导报，1997(04)：47

8.3.1—10 以红黄为主的暖色成为该区域环境的主导色，EDSA环境景观规划设计事务所，阿尔康西多度假酒店与社区。世界建筑导报，2002(01—02)：36

8.3.1—11 咖啡色调的色彩给室内带来温暖的气氛 House_31．作者佚名

8.3.1—12 由原木色构成的褐色调温馨而自然 GMP建筑工作室，Jurmala 住宅，里加卧室，世界建筑导报，2000(04—05)：17

(2)辅助色

辅助色就是辅助主导色的一组起陪衬作用的色彩，它可以从色相的角度考虑，如选择一组主导色的类似色、或对比色、或互补色；也可以从色彩的饱和度、明度方面切入。原则上，辅助色的色彩强度特别是色彩面积不要超过主导色，否则就会喧宾夺主。

辅助色	主导色	辅助色
（类似色）紫色调	蓝色调	绿色调（对比色）
（对比色）红橙色调	绿色调	黄绿色调（类似色）
（对比色）蓝紫色调	橙色调	青色调（互补色）
（类似色）红色调	黄色调	蓝紫色调（互补色）
（互补色）青绿色调	红紫色调	蓝色调（类似色）
（对比色）蓝紫色调	青色调	黄色调（对比色）

……

8.3.1-13 橙黄色构成该建筑群的主导色，局部的蓝色玻璃形成对比较强的辅助色．阿尔伯特和范 哈特建筑师事务所，荷兰天然气联合公司总部 北立面外观。世界建筑导报，1997(02)：37

8.3.1-14 建筑外观采用大面积的蓝色玻璃作为主导色，但用局部的橙黄色形成辅助色的搭配，GMP建筑工作室，ElbkaiHouse 汉堡。世界建筑导报，2000(04-05)：133

8.3.1-15 大面积的无彩色系的灰色跟小面积的有彩色系的纯色（大红），形成了主导色与辅助色对比．作者佚名

8.3.2-1 单体建筑的前景色与背景色，作者提供 柳敏之

8.3.1-8　8.3.1-9　8.3.1-11　8.3.1-10　8.3.1-12　8.3.1-14　8.3.1-13　8.3.1-15　8.3.2-1

8.3.2 单体建筑的前景色与背景色

区域色彩的形成主要依靠建筑群体来实现，而建筑自身的色彩（前景色）又与它周围的环境色和背景色密切相关。

在正常视角的情况下，人的视平线位于建筑的底部，只高于地平面1～2米，整个建筑物处于仰视状态，天空成了建筑物的背景色。假如房子依山而建，或房子背后有高大的其他建筑物，山体就构成该建筑物的背景色。

在超常视角的情况下，观者位于空中（飞机上）或其他高处，建筑周围的环境就成了背景色。

前景色与背景色的关系，要视区域色彩的需要而定。要么互相融合、化为一体；要么适当拉开距离，形成秩序感和层次感。前景色与背景色强烈冲突或前景与背景无色彩关系的现象应尽可能避免，无视整体的异军突起和过分的色彩跳跃，除在预先的区域规划中有特殊设定外，一般都收不到理想的效果。（图8.3.2-1～图8.3.2-3）

8.3.3 室内空间的主体色与点缀色

室内空间是城市人口活动的主要场所，室内色彩直接影响到人的情绪、健康和工作效率。根据“1/f 波动”原理，人在适度、和谐的色彩环境里，才能感觉到“舒服”。

从色彩的情感可知，色彩具有冷暖感，动静感，轻重感，喜庆、悲哀感，欢快、忧郁感，兴奋、沉静感，华丽、朴素感和秩序感，从色彩的联想来看，各种不同色相的颜色，也会影响到人的情绪，因此，室内空间的色彩设计就显得尤为重要。

室内空间的主体色，控制着色彩的基本格调。如医院的病房、手术室等使用淡雅的绿灰色调，能起到稳定病人情绪、调节心律的作用；麦当劳快餐厅使用强烈的黄、红色调，能激起食客的兴奋，增强食欲；幼儿园与儿童游乐场，采用大跳跃的高饱和度色彩对比，既表现了少儿的天真烂漫，又能培养孩子七彩般的心灵和对大千世界的新奇与探索。

不分对象、不分行业地对室内色彩作划一的处理，其负作用是显而易见的。一般对工作室（办公室）的要求是：采光好，最好能坐北朝南，在冬季享受阳光的照射；家具规范整洁、色彩统一，室内色调雅致柔和，使人思绪稳定。因此，很多办公室都采用白色与冷灰色系列色调，就连绝大多数电脑制造商也把个人计算机的颜色衡定为淡淡的浅灰色。假如机械的以此规范推广至艺术家的工作室，特别是画室、电脑创意工作室，其效果就适得其反。

由于艺术家的工作特点，需要形象地、非线性地、有时甚至是非逻辑地思考问题，沉静而无生气的室内色彩和有条不紊的室内陈设，只会消退他们的创造力。画室最忌讳南面变化

8.3.2–2 单体建筑的前景色与背景色，RioHotel

8.3.2–3 单体建筑的前景色与背景，Von Gerkan 住宅 汉堡。世界建筑导报，2000(04–05)：14

8.3.3–1 紫蓝色是该室内空间的主体色，陆志成，首都国际机场候机厅。设计艺术，总第16期，34

8.3.3–2 采用洋红附近的红色，构成了剧场的主体色，陆志成，成都天府大酒店剧场。设计艺术，总第16期，34

8.3.2–3 | 8.3.3–5

8.3.3–3

8.3.2–2 8.3.3–1 8.3.3–2

8.3.3–4

不定的光照，更不能容忍带暖色的阳光射入，而需要靠北面稳定的冷色天光。

苹果电脑出于自身产品的定位——图形图像处理，从苹果G 3系列开始，一改往日的灰色外表，让孕育着幻想的蓝绿色和后来的系列彩色装扮了自己，走进了艺术家和设计师的工作室。

主体色是室内空间的主导色调，不能把它简单理解为某一种颜色，而应是某一色彩倾向的一组色彩的组合。我们通常所说的某一室内色彩呈绿色，是指它可能包含有中绿、淡绿、灰绿或含有其他绿色成分的绿色调。由单个的颜色构成的色调，在高雅的室内色彩设计中还极为少见。

为了调节因长期处在一个固定而统一的色彩环境里所造成的视觉疲劳，室内空间的色彩设计必须要考虑点缀色的应用。点缀色在用色面积上，要小于主体色的面积，它可以是一种单一的颜色，也可以是一组相关颜色。

单一的颜色可用于桌、椅、沙发、柜饰件或其他局部色彩，相关的色组可与主体色穿插使用，必要时，可不考虑两组色彩的面积对比而随心所欲。（图 8.3.3-1～图 8.3.3-4）

点缀色的选择，可依据色彩对比的理论，常用的方法如下：

（1）色相对比的方法

假如室内空间的主体色形成明显的大面积主调色，可采用小面积或局部的对比色或互补色来点缀，使之在色相上取得平衡。

例如，以黄橙色调为主体色的室内色彩，可选用青、蓝、或蓝紫色色相的小色块点缀；以绿色调为主体的室内色彩，可选用淡紫、紫红或红橙色来点缀，大面积的主体色中跳跃着小块的互补色或对比色，具有统一中求变化的色彩美感。（图8.3.3-5～图 8.3.3-12）

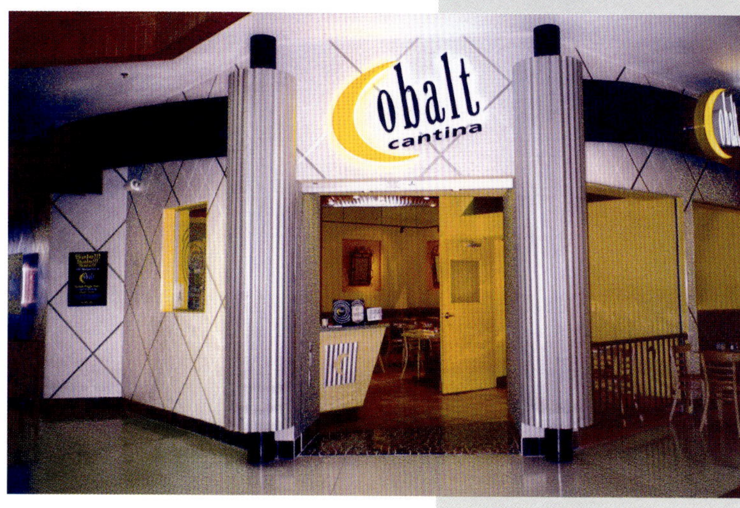

8.3.3-3　蓝紫色构成了酒吧的主体色，AI设计事务所，Cobalt 酒吧门厅。世界建筑导报，2001 增刊（NO.01）：44

8.3.3-4　蓝紫色构成了酒吧的主体色，AI设计事务所，Cobalt 酒吧餐厅，世界建筑导报，2001 增刊（NO.01）：47

8.3.3-5　用高饱和度的色相来点缀，AI设计事务所，creditcards.com 公司总部。世界建筑导报，2001 增刊（NO.01）：27

8.3.3-6　用色相来点缀，商店装饰 2

8.3.3-9　在蓝紫色的室内空间里，用纯大红色的靠垫作为点缀色。ARCH 雅砌，1998.105

8.3.3-7　大红色的椅子、群青色的地毯和绿色的玻璃，形成强烈的色相对比。AI 设计事务所戈登公司贸易协会管理办公室。世界建筑导报，2001 增刊(NO.01)：33

(2)明度对比与饱和度对比的方法

色彩的明度对比及饱和度对比，在实际的色彩设计中常常是混在一起的，有时很难把二者截然分开。我们在实际的色彩设计时，可有意偏重明度对比或偏重饱和度对比。

同一种颜色（无彩色系的黑、白、灰除外）所含白色成分越多，饱和度越低；所含黑色成分越多，明度越低。由于色彩模型表达方式的局限，RGB、CMYK 等色彩模型很难在描述色彩明度变化的同时又描述色彩饱和度变化。只有在HSB色彩模型里，才能同时观看到色彩的明度变化与饱和度变化。

点缀色选用明度对比或饱和度对比的原则，是让它与主体色形成对比关系。如主体色倾向于明亮的高明度色调，点缀色就选用低明度色彩，起到稳定明度、增加重色的作用；如主体色倾向于深暗的低明度色调，点缀色就应挑选高明度的浅色，起到拔亮、透气、平衡轻重的作用。

8.3.3-10　浅绿色的墙面、地面配上深绿色的植物和鲜花，让室内具有春天的气息，店内全景. 作者佚名

8.3.3–8　在红褐色的暖色调里，用高饱和度的红色突出室内空间的重要部位，GMP建筑工作室，开尼姆茨理工大学演会中心室内环境。世界建筑导报，2000(04–05)：30

8.3.3–11　大面积的奶黄色墙面地面与小面积桌椅等木制品的橙色对比，ARCH 雅砌，1998.105

8.3.3–12　优雅的浅绿色与蓝灰色构成高雅的室内色彩。上海汽车大厦总裁办公室，作品提供：潘绪江

8.3.3–13　深色的大理石地面和浅蓝色的顶棚与纯黄色的墙面形成较强烈的饱和度对比。韩国熙林建筑师事务所，国民银行总部接待大厅。世界建筑导报，2001(03)：37

8.3.3–6	8.3.3–8
8.3.3–9	8.3.3–11
8.3.3–7	8.3.3–12
8.3.3–10	8.3.3–13

在室内色彩的设计中，含灰系列的主体色彩应用较多，地面、顶棚、墙面的装修材料其色彩一般都不会是饱和度很高的彩色，因此在配色时，运用小面积的高饱和度鲜艳的颜色作为点缀色就十分重要。家具、灯具、装饰品或墙面局部小块的颜色往往能充当点缀色的角色。(图 8.3.3—13～图 8.3.3—22)

8.3.3—14 白色调的室内墙面配以高饱和度的黄色屋顶和桌子，形成较强烈的饱和度对比。世界建筑导报，1997(04)：49

8.3.3—16 在深色的底色中，用高明度的白色来加强明度变化，德国HPP国际设计公司，深圳市宝安体育中心设计方案 马拉松比赛入场口。世界建筑导报，1999(05)：56

8.3.3—18 由深蓝色、群青和浅蓝、蓝灰色，形成梯级的明度和饱和度变化。上海汽车大厦会议厅，作品提供：潘绪江

8.3.3—19 以明度及饱和度为中心的复色调．陆志成，首都国际机场大厅。设计艺术，总第 16 期，34

8.3.3—20 汉字装饰的室内环境，商店装饰．作者佚名

8.3.3—23 有彩色系与无彩色系对比，GMP 建筑工作室，飞利浦照明公司展览会馆 主入口。世界建筑导报，2000(04—05)：51

8.3.3—15　在浅白色和深灰色的室内环境里，用高饱和度的座椅和灯具作为点缀.伦佐 皮亚诺建筑工作室，关西机场，日本大阪候机楼室内。世界建筑导报，2000(02)：33

8.3.3—17　白色的柱面与猩红色的地毯和黄褐色的顶棚，形成了明度与饱和度的双重对比．多米尼克.伯诺.法国国家图书馆 室内走廊。世界建筑导报，1999(01—02)：85

8.3.3—21　客厅的家具与照明 p1.作者佚名

8.3.3—22　高彩度的地面色给室内带来了欢快活泼的气氛.美容室.作者佚名

8.3.3—24　有彩色系与无彩色系对比，GMP 建筑工作室，飞利浦照明公司展览会馆生铁铸造的吧台。世界建筑导报，2000(04—05)：51

	8.3.3—16 8.3.3—18	8.3.3—24	
8.3.3—14	8.3.3—19	8.3.3—17	8.3.3—21
	8.3.3—20	8.3.3—22	8.3.3—15
	8.3.3—23		

(3)有彩色系与无彩色系的对比方法

前面两种点缀色的搭配方法都属于有彩色系的范围。在现实中，无彩色系的黑、白、灰色的运用也较为普遍，我国江南的黑瓦、白墙就是无彩色系塔配的典范。

无彩色彩的黑、白、灰在色度学中是表示光照亮度的要素，它们只有明度一种属性，没有色相和饱和度属性(色彩的饱和度为零)。因此，它们极容易跟有彩色系的颜色搭配，只要明度应用得当，几乎与什么颜色相配都是和谐的。也正是因为无彩色系颜色在色彩设计中的"保险系数"最大，它被广泛用于区域规划、建筑外观和室内色彩，尤其深受对色彩设计缺乏自信的建筑师和城市规划专业人员的喜爱。然而，色彩大都以一个群体的面貌出现，是互相联系和相互衬托的，它们按一种符合生理、心理的科学规律而处于一种"关系"之中，是一种相互依存的辩证统一。如果把某个色彩看成是孤立的、一成不变或"以不变应万变"的，这个色彩的应用就会出现问题。我国这些年在建筑设计中出现的滥用白色的现象，被人们称之为"白色恐怖"，就是无视色彩关系的典型案例。

在室内色彩设计中，白色的墙面是用得最多的颜色，处理好白色与其他颜色之间的明度和面积关系，是白色应用成功的关键。假如我们把图书馆的阅览室用对比强烈的黑白相间的无彩色系的色彩搭配，就会造成令人晕旋的"视幻美术"的错觉，破坏平和、宁静的学习气氛。

无彩色系的黑、白、灰颜色，具有很好的协调高饱和度色彩的能力。如果室内的颜色过于鲜艳、过于跳跃，就要考虑搭配较大面积的黑、白或灰色，使整体色彩的对比缓和下来。如果想要营造庄重、踏实、安稳的室内氛围，适当增加黑色或深灰色的比例，会使你的创意得到满意的结果。(图 8.3.3—23～图 8.3.3—27)

8.4　平面的静态色与立体的动态色

8.4.1　图纸设计的平面色及静态色

人们在学习色彩的阶段，接触到的几乎全是平面色彩，这主要是因为给我们灌输色彩的途径基本上是平面的。如书本上的平面印刷色彩、老师的平面色彩示范、以及幻灯投影的平面色彩演示等等，久而久之，给我们造成一种错觉：一说起色彩，我们自然就会把它跟平面的形式联系在一起，因此，我们无论在做色彩练习，或在工作中进行色彩设计时，都不加思考地采用平面色彩的处理形式。

平面色彩设计带给我们的方便是显而易见的，只需要一盒颜料几支笔，很少受客观条件的限制，即使是运用数字化的设计手段，打印几张普通的平面色彩图纸也不是很困难的事。

我们之所以选择平面色彩，还有一个重要原因——就是它的

稳定性。色彩学对物体色彩的研究，有一个基本的前题：我们通常所说的物体的颜色，是指反射光与入射光成45°夹角时人眼所观察到的物体的颜色。如果入射光以45°角斜照到物体上，人的视线就应与物体表面垂直，成90°角观看；如果入射光以90°直射物体，人就应该从与物体表面成45°的斜角观看。这种体会在我们初学色彩静物写生时感受最深，同一种质量、同一物体的陶罐，高光处是小面积的光源色，背光处是深暗的褐色与隐约的环境反光，只有中间色调才与陶罐的物体“固有色”接近。我们在平面色彩设计中使用的就是这种接近于物体色的“固有色”，因而避免了由于立体观看导致视角的不同所出现的色彩偏差。

由于平面色彩多以图纸的形式出现，是一种静态的色彩，它与真正的现实色彩存在着一定差距，尽管我们在绘制平面效果图时使用了假三维的光影描绘，但这种模拟的表现力是极为有限的。

8.4.2 实际场景的立体色及动态色

把一种颜色分别涂在一个平面的四边形上和一个立方体上，或涂在一个平面的圆形上和一个立体的圆球上，其色彩感觉会出现不同的差异，这主要是因为色彩在立体的载体上发生了光影变化。平面上的色彩由于与入射光线呈相同的夹角（因一点透视引起的视角变化在这里夹角很小，可忽略不计），受光均匀，不会产生明显的光影效果。立体上的色彩则大不相同。首先，各承受色彩的体面由于与入射光的夹角不同，会产生高光、中间色调、背光色调和投影，形成明显的光影造型；其次，距离光源的远近也会导致光照的强弱差别，形成或柔和、或强烈的色彩过渡，产生丰富而有变化的色调变换，当那些被涂上颜色的立体物放大为实际的室内空间、高楼大厦甚至整个城市的时候，平面色彩与立体色彩的差距将会拉得更大。我们常常看到图纸上的色彩描绘是一回事，而实际场景中的色彩效果又是另一回事。（图8.4.2–1～图8.4.2–4）

实践经验告诉我们，在进行色彩设计时，单凭平面图纸的色彩是不可靠的，必须考虑到它的立体色彩效果，直至实际场景的色彩应用效果。

有经验的服装设计师在立体的色彩设计中给我们提供了有益的借鉴，他（她）在设计一套服装前，先要从平面的角度选择面料的颜色、质地和花纹，然后从立体的角度设计它的结构、款式，最后还要让模特儿穿上它在T字型舞台上来回走动，从不同的视角和背景动态地观察它的色彩变幻，感悟它的艺术风格和文化品位。

对于一个建筑师或是环境设计师来说，应该学会动态地观察色彩和设计色彩。城市建筑及室内环境就其本身来说是静态的，但居住其中的人却是动态的。人们在人造的环境空间里有顺序、有流线、有方向地移动，形成一定的空间序列，而这种空间序列的合理设计又与人对色彩的审美心理密切相关。虚拟现实的计算机三维动画，能模拟人的流动路线，动态地观看城市、建筑和室内空间的三维色彩，让色彩设计的立体化和动态化由理想变成了现实。

8.4.3 三维色彩与模拟自然界空间的光照明

虚拟现实的计算机三维色彩设计，其基本思路是：如何模拟自然界的光照明物理过程，让人们在虚拟的环境里感受仿真的色彩体验。

下面是简单的光照明模型的光学原理：

从光学物理来看，人眼感受到一个自然场景是由于辐射光能与场景相互作用（吸收、反向和透射）后到达人眼的结果。光能到达正常人眼中引起物理化学变化从而刺激大脑形成视觉。场景的明暗、色彩是由到达人眼的光能大小和色彩组成决定的。光照

明模型要解决的问题就是如何计算在给定观察方向上的光能大小和色彩组成。一般来说，光照明模型可分成局部光照明模型（只考虑光源的漫反射和镜面反射）和整体光照明模型（考虑物体之间的相互影响，光在物体之间的多重吸收、反射和透射）两种。下面我们粗略讨论各种实用的光照明模型。

(1)局部光照明模型

局部光照明模型只考虑由光源引起的漫反射和镜面反射。由于它的计算不涉及环境中的其他物体，因而较为简单，速度较快。应用局部光照明模型可使用Z缓冲器算法、扫描线算法等，常见的局部光照明模型有Phong光照明模型，Torrance-Sparrow光照明模型，Cook-Torrance 光照明模型等。

(2)采用光线跟踪的整体光照明模型

从光照明理论可知，一个完整的光照明模型应该包括八个照明分量，它们分别表示由光源引起和环境引起的漫反射、镜面反射和规则透射。上述的各种局部光照明模型实际上只考虑了由光源引起的漫反射和镜面反射，其余六个照明分量需通过建立整体光照明模型来模拟。目前实用的整体光照明模型一般采用光线跟踪技术和热辐射工程中的辐射度方法来实现。这里主要介绍采用光线跟踪技术的整体光照明模型。

8.3.3-27 | 8.4.2-4

8.4.2-3(1) 8.4.2-2 8.4.2-3(2)

8.3.3-25 8.3.3-26 8.4.2-1

光线跟踪是自然界光照明物理过程的近似逆过程，即从观察点通过屏幕像素e向场景投射光线，找到和场景中相交的一点p，求出p点的光亮度作为屏幕像素e的亮度。如果对屏幕上的每个像素重复上述过程，我们就得到一幅完整的真实感图像。实际的光线跟踪算法在计算上述p点的光亮度时，还会从p点投射镜面反射光线和折射光线到场景中，继续跟踪的过程，直到被跟踪的光线经多次反射和折射后衰减到可以被忽略的程度，或跟踪深度达到指定层次时才停止发射光线。由于光线跟踪算法需要跟踪庞大数目的光线，因此计算速度较慢。

(3)辐射度方法

采用光线跟踪的整体光照明模型成功地模拟了光在光滑景物表面间反射和折射过程。但由于光线跟踪技术建立在空间点采样的基础上，采样光线的数目受到很大限制，因此它无法模拟光能在景物表面间由漫反射到漫反射的能量传播形式。这使许多照明效果得不到正确表现，较为明显的就是间接照明现象和彩色渗透（color bleeding）现象。间接照明现象是指环境中景物被光源照亮后对其他景物的照明现象。如图8.4.3-2，采用辐射度方法地面被光源照亮后又把天花板照亮，而光线跟踪技术只能得到图8.4.3-1中的结果，天花板没有被照亮。彩色渗透现象是指环境中景物的颜色相互作用而使物体表面的颜色发生变化。如在图8.4.3-4中，曲面A 和B 分别由在白光下呈现红色和白色的漫反射材料组成。一束手电筒光照射在曲面A 上呈现一圆形亮区，由光线跟踪算法得出曲面B 被确定为白色（不发生彩色渗透），而实际上曲面B已受曲面A 的漫反射光影响，看上去略带红色，即

8.3.3-25　有彩色系与无彩色系对比，GMP建筑工作室，比勒弗尔德市镇火车小站。世界建筑导报，2000(04-05)：100

8.3.3-26　有彩色系的红色与无彩色系的白色对比。〔美〕坎纳建筑师事务所，波普建筑，中国建筑工业出版社、江西科学技术出版社，1999

8.3.3-27　各种不同灰色交织在一起，与旗帜的白色形成和谐而统一的明度化．作者佚名

8.4.2-1　平面色稿与实际场景的比较 1。郎科罗，巴黎春天商业集团总部建筑外观复修色彩设计方案。宋建明，色彩设计在法国，上海：上海人民美术出版社，1999

8.4.2-2　平面色稿与实际场景的比较2。巴黎春天商业集团总部建筑外观复修后实景，宋建明，色彩设计在法国，上海：上海人民美术出版社，1999

8.4.2-3(1)　平面色稿与实际场景的比较，郎科罗，梅蒂奇庭院色彩设计方案1。宋建明，色彩设计在法国，上海：上海人民美术出版社，1999

8.4.2-3(2)　平面色稿与实际场景的比较，郎科罗，梅蒂奇庭院色彩设计方案2。宋建明.色彩设计在法国，上海：上海人民美术出版社，1999

8.4.2-4　平面色稿与实际场景的比较 2，梅蒂奇庭院实景。宋建明，色彩设计在法国，上海：上海人民美术出版社，1999

发生了彩色渗透。在实际应用中为了模拟这些效果，通常采用增加辅助光源的办法，但如何正确设置辅助光源非常复杂，所以得到的图像因人而异，常给人以不真实的感觉。（图 8.4.3–1～图 8.4.3–4）

1984 年 Goral 等人首先提出使用热辐射工程中的辐射度方法来解决上述问题。这一方法把组成环境的曲面作为一个封闭的系统，并假定封闭系统中的曲面均为漫反射面。然后根据能量平衡原理计算每一曲面上的能量，从而求出被观察点的光亮度。由于考虑了封闭系统中各个曲面之间的能量传递，因而能够从整体上正确计算环境中的光能分布。

8.4.3–5

8.4.3–1 8.4.3–2 8.4.3–3 8.4.3–4

值得指出的是，辐射度方法所求解的照明分量都是漫射分量。由于景物表面的镜面反射分量和规则透射分量具有很强的方向性，因此，它很难采用与观察方向无关的辐射度方法来模拟。所以，单纯使用辐射度方法绘制的图形不能表现诸如镜面映像和透明这样的照明效果。Wallace 等人为此提出了图形绘制的两步法。第一步采用辐射度方法求解整体环境的漫射光能分布，第二步采用光线跟踪技术求出整体镜面反射光和规则透射光对给定屏幕像素的贡献。在两步法中辐射度方法和光线跟踪技术各施所长，互补不足，较完全地模拟了一般图形绘制方法所不能表现的各种整体照明分量。（图 8.4.3–5）

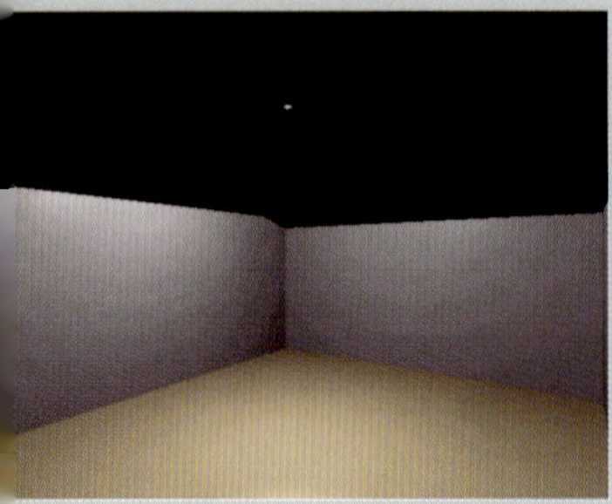

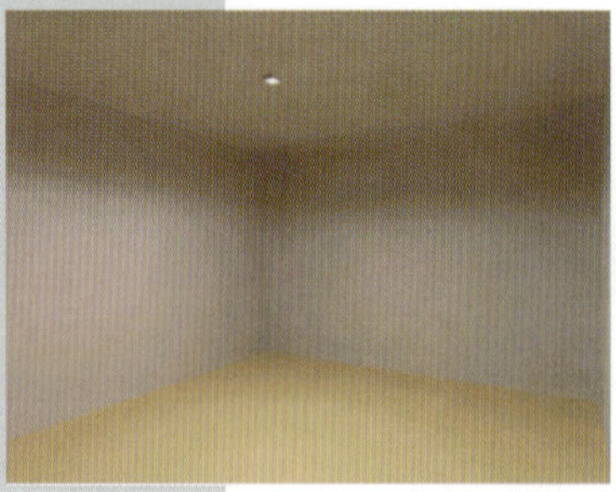

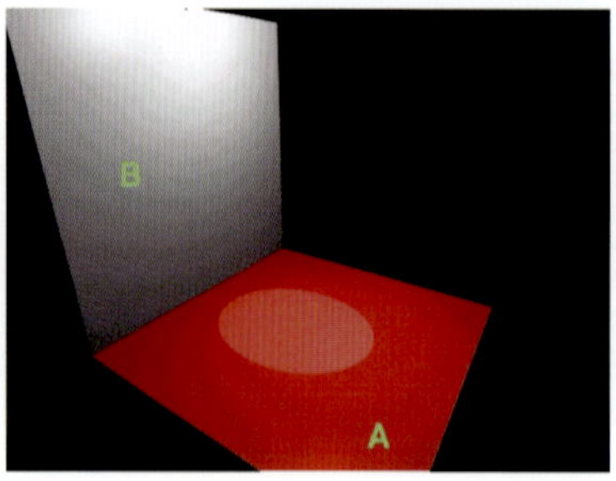

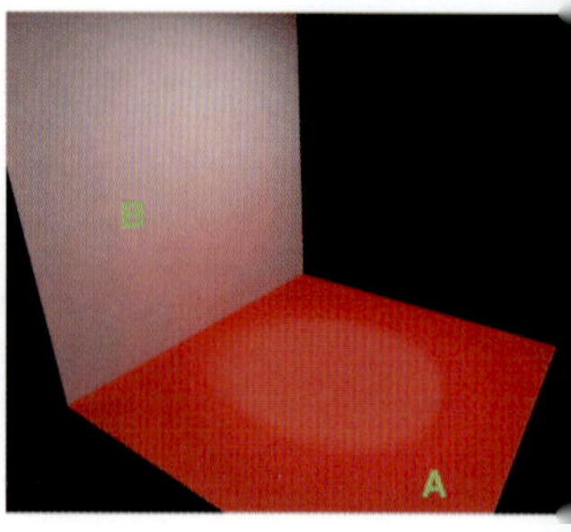

8.4.3–1 光线跟踪结果 1 广州市圆方计算机软件工程有限公司客户中心许磊工程师提供

8.4.3–2 辐射度结果 1 广州市圆方计算机软件工程有限公司客户中心许磊工程师提供

8.4.3–3 光线跟踪结果 2 广州市圆方计算机软件工程有限公司客户中心许磊工程师提供

8.4.3–4 辐射度结果 2 广州市圆方计算机软件工程有限公司客户中心许磊工程师提供

8.4.3–5 Lightcape 模拟太阳光照的室内效果图．Lightcape3．2 室内设计实战与技巧．北京希望电子出版社出版，2000

图 8.4.3–5 是在 Lightcape 中进行渲染的，Lightcape 的中文翻译是“渲染巨匠”。他是一个功能强大的可视化设计软件，可以对 3DS MAX、3DVIZ、AUTO CAD 等数字模型定义视角、材质、灯光、配景等，它在光能传递和光线跟踪上有着强大优势。

这幅图主光源是模拟太阳光，透过高窗射入室内，通过光能传递后，软件自动跟踪计算，产生很多柔和的反射光色彩，这是 Lightcape 的一个优点，它可以使整个画面的色彩更加真实，更加紧密联系。画面最强的环境色就是由阳光照射的红砖墙产生的，红砖的色彩反射到浅灰色的地毯上，尤其是靠近墙面的部分环境光很明显，也很真实。白色的墙体在画面中是逆光的，主要的光源是一种漫反射光，右上部受红色反射影响大。左下部靠近蓝色沙发，略显蓝色。

画面的总体色彩明快大方，主要色彩是红、黄、蓝、灰，而灰色在色彩的构成中起到了重要的无彩色系颜色的协调作用。

参考文献：

[1] 图8.4.3的文字和图片，由广州市圆方计算机软件工程有限公司客户中心许磊工程师提供。参考文献：唐荣锡，汪嘉业，彭群生等．计算机图形学教程〔M〕．北京：科学出版社，1998

第九章
数字色彩实例分析

9.1 数字色彩应用的常见弊病

由于数字色彩由实验室走向实际社会应用的时间不长，它滋生于科技界误导下的“萌芽阶段”，不可避免地丛生出一些弊病。在建筑设计、环境设计里，用色的“生”、“乱”、“脏”、“粉”、“灰”以及“无色彩透视”等现象表现得最为突出。

9.1.1 “生”：色彩太艳、饱和度过高

“生”——也称“火气”、“焦”，主要反映在色彩太艳、饱和度过高。它的问题是画面上到处充满高饱和度的鲜艳颜色，这是初涉数字色彩的人最容易犯的毛病。

造成这一现象的重要原因，是因为缺乏色彩训练，特别是缺少调色练习和有关色彩饱和度的训练。另外，计算机软件不友好的人机界面也是不可忽略的问题。譬如在很多图形图像软件中，软件制造商设置了一些现成的色块供用户直接选用，而这些色块极少存在成分复杂的复色，大都是高饱和度的原色和间色，用户使用这些既定的色块进行设计，必然会出现“生”的结果。除个别软件外，决大多数计算机图形图像软件的调色界面直观性较差，导致调色活动处在一种费力不讨好的头痛境地。应该加强学生的调色练习和有关色彩饱和度的训练，注意画面色彩饱和度的等级差别，强化饱和度对比的概念。（如图9.1.1—1，图9.1.1—2）

9.1.2 “花”：杂乱无章、无色调可言

“花”——主要表现在画面色彩的花哨、杂乱无章，无主色调可言，各色彩之间没有建立起一定的联系（如忽视条件色，用低版本的3DS studio渲染没有光影跟踪的功能，产生不了反射光效果）。应该加强界面色彩各部分之间的联系，强调色彩设计的“主色调”意识，有意让学生的界面色彩倾向于某种较统一的色相，或偏向绿色系列、或偏向黄色系列、或偏向褐色系列………，有意形成“主色调”。同时限制界面的形象和色块过于零碎，人为地把过于零碎的色块整体化。（如图9.1.2—1，图9.1.2—2）

9.1.3 “脏”：色彩冷暖关系不对、滥用黑色

“脏”——主要表现在色彩的冷暖关系不对，色彩倾向不准确；或界面上滥用黑颜色，中间色调或亮部色彩中含有的黑色成分过多。特别是建筑、环境设计的渲染图，近些年滥用黑色或黑灰色成风，还美其名曰“现代灰”，这实际上是

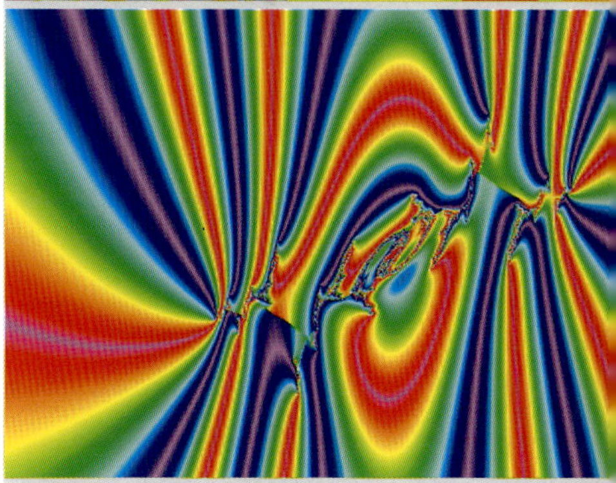

9.1.1—1 “火气”的色彩配置 01．作者佚名

9.1.1—2 “火气”的色彩配置 02．作者佚名

9.1.1—1

9.1.1—2

色彩意识退化的表现。我们在初学色彩写生时，老师就反复教导我们：注意中间色调或亮部色彩不要掺合进黑色，如果确实需要用到灰色时，尽量不要用黑色去直接配制，而是通过间接的手法（补色相加略等于灰色或黑色）来配制色相不十分明显的灰色。把握准画面各色彩之间的冷暖关系、特别是受光面和背光面及阴影之间的色彩冷暖关系，也是克服色彩“脏”的重要手段。（如图9.1.3—1，图9.1.3—2）

9.1.4 色彩恐惧症：颜色太素

“色彩恐惧症”——这主要反映在不敢使用彩色，画面颜色太素，缺少色彩感。有些学生担心色彩杂乱无章，不分场合总是使用无彩色系的灰度色彩来表达自己的创意，不敢使用有彩色系的颜色；或只敢用单个的彩色（追求特殊效果者除外）与黑色相配，表现出对有彩色系颜色的恐惧与回避。一些人还误认为这是一种“高雅”的举止。

这种现象以建筑界（含城市规划）为最盛，一些小有名气的城市中心区规划，把本来漂亮林立的现代城市建筑渲染得灰不溜秋，黑压压一大片，大刹风景。克服这一倾向应该加强色彩的入门训练，引导他们学习色彩搭配的基础理论，鼓励学生和设计师在自己的设计中大胆使用有彩色系的颜色，纠正害怕色彩（进而演变为歧视色彩）的错误观念。

9.1.5 “无色彩透视”

“无色彩透视”——犯这种弊病的人忘记了色彩在现实世界

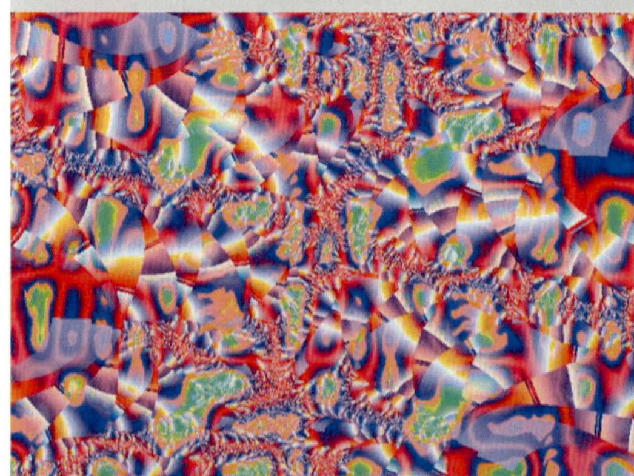

9.1.2—1 “花”的色彩配置 01. 作者佚名
9.1.2—2 “花”的色彩配置 02. 作者佚名
9.1.3—1 “脏”的色彩配置 01. 作者佚名
9.1.3—2 “脏”的色彩配置 02. 由于画面上较深的颜色全部是用无彩色系的黑色和灰色配制而成，造成一种“脏”的色彩感觉。潘居然. 跨越2000电脑效果图. 中国轻工业出版社，2000
9.1.5—1 “无色彩透视”的色彩配置. 深圳晚报，2002－11－8(D26)

里存在空间透视现象，视距越远的物体色彩越偏冷、视觉越模糊；视距越近的物体色彩越偏暖、视觉越清晰。很多人在画建筑或环境渲染图时，远景和近景都采用同样高饱和度的颜色，并且远近一样清晰、一样冷暖，没有虚实感，造成空间虚假的画面。这主要是缺乏色彩的理论知识所致。应该鼓励他们多到大自然中去看看现实的色彩透视现象，有意夸大想像空气中包含的尘埃和水蒸气。有意经常使用长焦距镜头或大光圈拍摄景深长的景物照片，增强空间“透视”的观念。（如图9.1.5–1）

9.1.6 RGB色彩模式下的明度忽略

“粉”——“粉”也称“粉气”，它是片面追求“亮色”的结果，无论什么颜色都选用低饱和度的浅色，使画面充满“粉气”。造成“粉气”的客观原因，是因为在计算机RGB色彩模式下设置颜色时没有明度的调节装置，因而造成对色彩的明度忽视。从主观上来看，这是一味追求画面的淡雅、光亮和高调所致。辅助的纠正方法是：养成不在RGB色彩模式下设置颜色的习惯，换到Lab色彩模式下设色，如果只是用来打印的设计稿，在CMYK色彩模式下设色是较好的克服“粉气”的办法。平时可学会多在阴暗处观察颜色，加强色彩的明度对比训练（如图9.1.6–1，图9.1.6–2）

“灰”——“灰”有两种情况：1. 画面的明暗层次拉不开距离，该明的色彩亮不起来，该暗的色彩深不下去。2. 另一种现象是“生”的反面，不敢用鲜艳的高饱和度颜色，习惯在什么颜色中都掺合进一些黑色或补色，使颜色失去饱和度及鲜明的色彩倾向。造成这种现象的客观因素，前者是因为缺乏色彩明度的训练，把握不了黑、白、灰的层次；后者是因为受传统色彩写生（特别是前苏联式的色彩教学）的影响，片面追求“灰调子”造成的结果。

数字色彩跟经典颜料色彩相比，它们在视觉感受上的很大差别，在于它们的色彩区域悬殊较大，因而数字色彩比经典颜料色彩的表现力要强得多，通常反映在数字色彩比颜料色彩的饱和度更高，明度级差更多、更大。从本书第三章“3.1.4经典颜料色彩的色域”和图3.1.2–1来分析，经典颜料色彩跟CMYK打印色彩的色域近似，它能表达的色彩范围最多只有计算机显示的RGB颜色的一半。因此我们用计算机进行数字色彩设计，就必须摆脱颜料绘画色彩色域窄的阴影。应该引导学生或设计师改变萎靡不振的设色习惯，可有意进行一些明暗强烈的色彩练习和对景物高度概括的黑白画练习，尽量减少中间层次的灰度色彩的使用。（如图9.1.6–3，图9.1.6–4）

9.2 数字色彩应用实例分析

9.2.1 室内设计

(1)室内设计与数字化

室内环境是人类生活环境的一个重要构成部分，室内设计是建筑设计的必要延续，它主要包括室内办公环境、公共享有环境、商业交流场地、居往环境等空间的设计，它是集美学、工程技术、材料以及生态科学为一体的综合性学科，而并非简单的装

9.1.6–1 “粉气”的色彩配置 01，作者佚名
9.1.6–2 “粉气”的色彩配置 02，画面上到处充满轻淡的粉色，色彩显得有气无力。作者佚名
9.1.6–3 “灰”的色彩配置 01，作者佚名
9.1.6–4 “灰”的色彩配置 02，作者佚名

	9.1.2–1	9.1.6–4
	9.1.2–2	
9.1.3–2	9.1.3–1	9.1.6–3 9.1.6–2 9.1.6–1
	9.1.5–1	

9.2.1-1 室内设计，北京水晶石电脑图像开发有限责任公司，北京：北京腾图电子出版社，1999

9.2.1-2 室内设计，北京水晶石电脑图像开发有限责任公司,北京：北京腾图电子出版社，1999

9.2.1-3 室内设计，北京水晶石电脑图像开发有限责任公司，北京：北京腾图电子出版社，1999

9.2.1-4 室内设计，北京水晶石电脑图像开发有限责任公司,北京：北京腾图电子出版社，1999

9.2.1-5 室内设计，作品提供：李行

9.2.1-6 室内设计，北京水晶石电脑图像开发有限责任公司，北京：北京腾图电子出版社，1999

9.2.1-7 室内设计，作品提供：熊华阳

9.2.1-8 室内设计，作品提供：深圳腾格尔设计公司

9.2.1-9 室内设计，作品提供：深圳腾格尔设计公司

饰与装修。

设计与建造施工是室内环境实现的两个重要方面：设计是建造施工过程的指导和构想，而建造施工使设计思想得以实现。在设计过程中，主要用到设计构思图、室内表现效果图及施工图，目前，在这几种类型图的设计与制作方面，计算机辅助设计系统均已获得了非常广泛而有效的应用，尤其是近年来随着计算机硬件和辅助设计软件的极大进步，计算机辅助设计成为设计表现的重要手法，实现了设计表现方式的全面数字化。

(2)数字化室内空间设计进程

数字化的室内空间设计实际上是进行一个虚拟空间的设计，它可以是真三维的，但这种三维是虚拟出来的，实现这个虚拟三维的过程有三个基本部分：即建模、材质灯光和后期处理。可以用来设计三维空间的软件很多，为设计师提供的选择已经是琳琅满目，最常用的有 AUTO CAD、3DS MAX、MAYA、圆方等，其中在工程技术作图和三维效果图上用得最多的是3DS MAX。另外还有一个用得非常多的渲染软件Lightcape，它是一个非常优秀的可视化设计软件，效果很好。

建模是一个非常重要的基础工程，这一部分工作是利用计算机设计系统进行室内各项物体的造型，以获得三维室内空间的模型，设计者可以方便地在计算机上观察、编辑与修改设计的造型。材质和灯光在3D中决定了作品的色彩、质感等因素，是作品成败与否的关键，后期处理阶段主要用Photoshop等软件对渲染完成的作品进行修改加工，以期得到更佳的视觉效果。

以下我们分析和欣赏一些室内设计效果图。

〔室内设计 01〕

这幅作品以暖褐色为主色调，色彩协调统一，色彩明度对比合理，充满了欧洲古典风情又不失高雅气派。图中灯光效果运用熟练老道，准确到位，沙发质感较佳。（如图9.2.1-1）

〔室内设计 02〕

这是一幅大空间的室内效果图，色彩活泼鲜明。将植被引入室内，透光玻璃屋顶与室内光滑的花岗石交相辉映，整体设计选材和结构现代感强，植物是在后期的处理中加入进

9.2.1-4	9.2.1-5
9.2.1-1	9.2.1-6
	9.2.1-7
9.2.1-2	9.2.1-8
9.2.1-3	9.2.1-9

去的。但也做到了恰到好处，以假乱真。（如图 9.2.1—2）

〔室内设计 03〕

这是室内泳池效果图，作品在设计上简洁大方，色彩稳中求变。在实现这些效果的手法上一个重要因素就是光源色彩的卓越体现。画面的左半部分因为受阳光的照射，偏向暖色调；而右半部分主要受泳池蓝色水体的反射，偏向于冷色，使这幅作品具有明显的冷暖对比倾向。这幅作品较好地把握了冷暖色彩的相融与呼应，正中间大理石方柱的亮色与最右边墙柱的色彩，以及最左边的一排饱和度较高的黄色圆柱，三者在色彩感受上就像不同音高的三个音阶一样，高低错落有致，既变化又和谐。当然，躺椅的蓝黄相间，更是圆柱黄、蓝两种色彩在视觉空间上的延续与补充。（如图 9.2.1—3）

〔室内设计 04〕

这是某酒店的大堂装修效果图，材质主要选择了暖灰色石材，石材光洁亮泽，能产生漂亮的倒影效果。这幅效果图在三个方面良好地体现了设计师的思想：首先是灯光的控制，灯光在 3DS MAX 中是一个非常重要的因素，它在表现空间深度、材质色泽等方面发挥着重要作用。灯光的色彩在画面中起着举足轻重的作用，从图中我们可以看出，作者使用了偏黄色的灯光，体现了酒店温馨的感觉；其次，在材质的色彩表现上采取中强度对比的手法，获得了统一协调的视觉效果，赋予整个画面以灵气。（如图 9.2.1—4）

〔室内设计 05〕

酒吧在色彩的处理上跟舞厅基本上大同小异，但是在实际的效果中主要是"动"与"静"的光色上有不同要求。酒吧要求静止的色彩相对多一些，以便从心理上有一种"坐得住"的感受，当然，一些流动的色彩也不可缺少。

这幅作品色彩艳丽多姿，变化丰富，浓妆艳抹。蓝、红色是主要的对比色彩，浅绿和浅黄掺合其中，共同演绎着室内色彩的交响曲，实现这一效果的成功之处在于设计师较好地把握了材质和灯光的控制。吧台上蓝色的光带像瀑布一样倾泻而下，这是一种抒情的表现，而地面的绿色和星星点点，又是蓝色的呼应和延续，是宁静的池水，是点点的磷光。

大家注意前面的红色沙发的反光部分，这是在 3DS MAX 里面靠一盏灯光来补充照明的，这一小小的灯光，使整个画面色彩更加"透气"、更加融洽。（如图 9.2.1—5）

〔室内设计 06〕

办公环境的色彩要求通透、畅快、稳重、具有现代感，这幅作品是在 3D MAX 里制作的楼梯间及门厅效果图。因为作者对灯光、材质编辑的准确到位，画面似有以假乱真的感觉。

整个画面的主体色调是灰色，灰色调近两年在建筑和室内设计中较为流行，主要是因为它稳重、大方，并且能体现科技感和现代感。但如果整个画面都布满灰色，特别是那种以黑色调制的灰色，难免出现"脏"和沉闷的感觉。处于画面的中心位置的接待厅，色彩简洁、明快，深蓝与红色是此企业的标准色，而橘黄色的接待台，也成为画面色彩的主要构成部分，它与顶部的浅黄、中黄形成明度上的色阶变化，使色彩产生美的韵律。（如图 9.2.1—6）

〔室内设计 07〕

移动通信大厅的设计，需要体现现代和科技的视觉感受，在色彩的设计上，要求简洁明快。这幅表现图有三块较大面积的色彩：企业标准蓝色、黑色花岗石和金属质感的蓝灰色，三种色彩确定了画面现代、简洁的设计定位。但是，如果仅仅有大块面的色彩，画面会缺少细节的色彩表现，设计师为达到既整体又变化、既简洁又丰富的效果，在画面中设计了一块木质展墙，从而

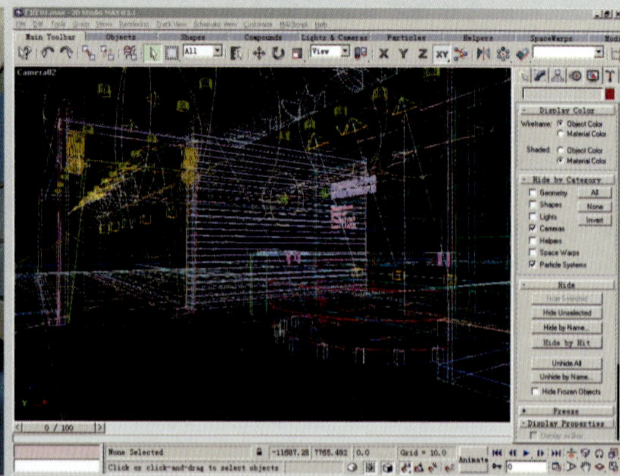

增添了一些暖色，打破了蓝灰色调的沉寂，同时位于左前方的木板面的桌椅，又是对这块展墙色彩的呼应。

这幅作品的另一点成功之处，是灯光的细节变化处理。在3DS MAX中大面积的灯光色彩控制并不难，难的是细微的色彩变化，图中最前方的圆柱柱头有一盏灯光是淡紫色的，实际上是虚拟蓝色墙面的反光，小小的一点反光，却使整个画面的色彩产生相互联系和影响，色彩也有了丰富、精致的变化。后方的圆形造型灰色墙体也是如此，左边的光色偏冷，右边的光色偏暖，在一块同样材质的转折面上有如此丰富的变化是十分难得的。当然，在Lightcape里面做光影渲染，对环境光的反射进行自动光影追综，有着更加不可比拟的表现力。（如图9.2.1–7）

〔室内图设计08、09〕

在环境设计中，无论是室内还是室外，抑或是建筑设计，都有一个光源的色调问题。主光源的色彩是决定画面色调的主要因素之一，光源色尤其是对白色的墙体、构件等起着决定作用。

这两幅图的色调是一个很好的例子，卫生间的整体色调偏灰蓝色调，色彩氛围冷静、沉着，体现出洁静的生态环境要求。而门厅的效果图则整体倾向于暖黄色。有一点是可以肯定的，两者的吊顶都是白色材质，但是在表现出来的色彩上却有着很大的区别，只是他们在3DS MAX中的灯光颜色设置不一样，一个灯光色彩偏冷，一个灯光色彩偏暖，进行渲染和光影跟踪后自然会有较大色彩差异。（如图9.2.1–8，图9.2.1–9）

〔室内设计10、11〕

在门厅的设计中，材质、造型、灯光、色彩等因素起着至关重要的作用。对人的视觉感受而言，色彩在某种程度上更甚于其他因素。作为企业CIS系统的标准色彩在门厅中有所体现，成为色彩创意设计的主要依据，标准色是企业色彩的代言人。

以上两幅图一幅是3DS MAX中的三维线框模式，另一幅则是在对三维线框模式进行渲染后所得到的彩色点阵图，3DS MAX中的线框模式实质上是三维的矢量图。它具有色彩，既可以随机产生，也可以自定义设色，这种线框具有很自然的疏密对比和明暗对比关系，还具有色彩的冷暖、强弱对比。图中黄色的是虚拟灯光，主要的线框色彩是蓝紫色，这些蓝紫色的明度、饱和度、色相均有变化，但又统一在一个整体中。线框的色彩决定三维物体的表面颜色，但当我们指定材质给物体并进行渲染后，物体的表面色彩就会发生变化。只有进行这种表面色彩的编辑变更，画面才能达到我们所希望的理想效果。我们比较一下线框模式和渲染图的色彩及光影变化。

经过对线框模式下的物体进行编辑、调整，并进行渲染后就得到完整的渲染图，这幅门厅主要的色块有绿、黄、蓝几种。蓝绿色和黄色是CI系统中的标准色，根据设计的要求，色彩活泼大方，充满现代气息，整个色彩情感的表达是跟学校的创新、开拓进取等理念结合在一起的，玻璃LOGO墙的编辑比较到位，为画面增色不少。（如图9.2.1–10，图9.2.1–11）

〔室内设计12〕

（图9.2.1–12）吉林日报社报业大厦大堂室内设计。青年设计师潘绪江以他精湛的设计和娴熟的计算机技术赢得了客户的好评，他的作品坚持写实、求真的艺术手法，精心安排室内的每一件道具、每一束光照、每一个人物，在尊重自然场景的前提下，融入艺术创造，追求色彩的和谐与完美。作品提供：潘绪江

〔室内设计13–14〕

（图9.2.1–13）皇冠酒店一02.该酒店的大堂色彩设计由于采用了较强烈的色彩明度对比，增大了暗部与亮部之间的反差，同时，作者在色彩饱和度上的考虑也颇具匠心，饱和度较高的淡绿、翠绿以及橙黄、朱红，在大面积的深暗的复色包围中，显得高贵而典雅。作品提供：深圳市文业装饰工程公司，李阳、梁晖.

（图9.2.1–14）皇冠酒店–01.落于俗套、缺乏个性的室内设计在酒店的设计中尤为突出，李阳老师和她所实践的深圳文业装饰公司的设计师们，在长期的实践中探索出一套独特的色彩表达语汇和设计语言，给人们做出了好的榜样。从这幅皇冠酒店的效果图，我们不难感悟到她颇具匠艺的色彩表述：黄色系的沙发、墙面，接近纯灰色的地面，硕大的白色灯罩加上含蓄的蓝灰色，营造出一幅难以言状的高雅气质。作品提供：深圳市文业装饰工程公司，李阳、梁晖.

〔展示设计01〕

展示设计的色彩与室内设计有很多共同点，但也有其特性。在室内设计中看来很“花哨”的色彩有时对于展览来说可能正恰如其分，因为展览需要吸引顾客，要求色彩整体效果强烈、丰富，富有变化。

“西洋家具”展场的设计色彩颇具特色，接待台的红色LOGO墙背景，是吸引人视线的重点部位。浓郁的红色，稳重的黑色，高贵的白色，三者相对比，其色彩语言的强烈程度是不言而喻的，尤为可贵的是作者还将红色作为衬色，在3DS MAX中运用了凹凸贴图效果，在色彩对比中，再加入表面质感的对比，更突出了主体。蓝色的广告画是画面色彩有益的补充，在色彩心理上有一种放松的感觉。（图9.2.1–15）

〔展示设计02〕

这幅展示设计效果图是比较成功的，尤其正立面的色彩处理很到位，主体的色彩是带橙黄的暖色，背景则是暮蓝色，可以起到很好的陪衬作用。

地面的橘黄色与展墙相呼应，奠定了主体的色调。在构造上，顶的处理既满足了功能的需要，也使蓝色色彩与主体的色彩融合在一起，避免了死板生硬的现象。整体暖色调的形成，还有一个重要的元素就是灯光，画面中几盏聚光灯的运用恰到好处。在3DSMAX中编辑灯光时，若将灯光颜色设为冷色，则整个场景都会偏冷；若将灯光色彩设为暖色，则整个场景就会偏暖，这种效果对于白色物体影响最为明显。这幅图是利用暖光源照明的。(图9.2.1—16)

9.2.2 建筑及环境设计

建筑CAD的发展历史并不长，随着数字科技的进步，它越来越成为建筑师手中的一支生花妙笔，最早的计算机辅助设计是用于平面线图的绘制，由于计算机硬件和软件的高速发展，它的范围从二维扩大到三维，从静态扩大到动态，已经深深地渗透到建筑设计的每一个环节中。

电脑"虚拟现实"其实是将在现实中存在或不存在的场景的视觉元素，包括色彩、体量、空间、质感、动态等，在电脑中虚拟出来，电脑对建筑及景观环境表现图的制作与展示，正是一个虚拟现实的过程，通过电脑的运作，可以将设计师的设计思想具体化，可视化，因为电脑拟真图基本接近现实，理所当然成为建筑师及业主关注的一个视点，效果图也成为图纸中的一个重要的组成部分。

实现建筑和景观环境数字化表现的基础是电脑硬件和软件。目前用得最多的是Auto desk公司的产品Auto CAD 和 3DS MAX、3D VIZ。3D MAX和3D VIZ是姊妹篇，虽然它们的操作界面大同小异，但又存在着很大差别，3D MAX更偏重于动画和影视制作方面的功能，3D VIZ则偏重于工程的模拟写真。在光线处理上，这些软件可以模拟太阳光，进行准确的自然光线再现、这样就为我们的建筑和环境设计提供了更多方便，当然我们也可以用

9.2.1—10　室内设计．作品提供：冷国军
9.2.1—11　三维模型线框．作品提供：冷国军
9.2.1—15　展示设计．作品提供：深圳名汉堂设计有限公司
9.2.1—16　展示设计．作品提供：深圳名汉堂设计有限公司

9.2.1—10 9.2.1—11 9.2.1—12	9.2.1—14
	9.2.1—13
	9.2.1—16 9.2.1—15

普通的聚光灯和泛光灯来模拟真实光线。材质和建模自然不用说，只要你想得到，就一定能做得出。

〔建筑效果图 01〕

在建筑外观效果图设计中，配景十分重要，处理得不好，就会出现“花”、“乱”、不协调等弊病。这幅图在这方面作出了一个较好的示范，画面简洁、自然、真实，之所以能做到这一点，跟作者本身具备的专业水平、艺术鉴赏是分不开的。

画面中明度与饱和度最高的是绿色草地和橘黄色墙体，二者是较为明显的冷色系与暖色系的对比；画面中心的对比最为强烈，二者正处于画面视觉中心的位置，从而使主体突出，呼之欲出。在3DS MAX中，灯光控制照射的中心位置在建筑物的中部，水面的光反射也正好与之对应，这一切都是画面主体突出的成功因素。(图 9.2.2—1)

作者将树林和山的色彩弱化、明度降低，让色彩形成冷暖对比，起到了对主体建筑的衬托作用。“水天一色”也是画面处理的又一成功因素，右上角的大树起到拓展空间的作用。

〔建筑效果图 02〕

这是一幅室外环境小品的夜景效果图 ，其灯光的色彩处理恰到好处。采用的方法主要是渲染时将场景灯光分别设置为红、黄、蓝、绿几种颜色，加上大面积的照明灯光，从而获得目前这种浪漫、休闲的效果。左部圆顶造型物体和立柱的投影形成一种很“透气”的蓝色，这种效果在3DS MAX中，将灯光属性中投影颜色设置为蓝色即可。这盏灯光的本身颜色是暖黄色，与蓝紫色的投影形成了互补色对比。

为了突出主体，画面前部的光色是光波相对较长的红、黄等颜色，而将画面左右两边两个圆底造型物体灯光色设置为绿色，达到了空间扩展的效果。

在效果图的制作中，物体的反光色和环境色是十分微妙的，也体现了设计师的水平，大家可以注意到建筑物与喷泉之间的几根立柱，它们受到来自地面红光的影响，有微微的紫红色反射效果，可谓神来之笔，为画面增添了几分姿色。(图 9.2.2—2)

〔建筑效果图 03〕

这幅晚霞逆光效果图，建筑物的细节都隐在暗部，只有斑斑色彩渗透出来，主色调呈橘黄色，建筑物的紫色调与画面的主色形成接近互补色的对比，相互呼应，起到缓解视觉压力的作用，也使色调趋于丰富和变化。

在3DS MAX中制作效果图，我们可以通过人为设置，获得一些偶然的色彩效果，图中模拟太阳在摄影机镜头上产生光斑，正是运用了3DS MAX的光学透镜功能，它有Lens Effect Flare(镜头光斑)，Lens Effect Flare(镜头焦距)，Lens Effect Glow(镜头发光效果)，Lens Effect Hilight(镜头光源)等效果，而图

中运用的是Lens Effect Flare这种模拟照相机镜头逆光成像的原理，用它制作的光斑效果，会产生美丽的光环，为画面增添光彩。(图9.2.2–3)

〔建筑效果图04〕

这是建筑外观的夜景效果图，在夜景效果的制作中，主要解决的问题是灯光，虽然说软件提供的性能支持是足够出色的，但制作者的灯光和色彩的控制水平决定着作品成败。这幅作品的整体色调比较柔和雅致，中灰色调把握较好。如果能处理好画面灰调的丰富层次，作品的档次理应更高。

建筑物本身材质的固有色有浅黄灰、浅红灰、浅蓝灰，其色彩的形成来自灯光的色彩，画面中间圆顶色彩是暖灰色，映衬室内暖色的物体，并且因为其是用柱体支撑造型的，背景色透过柱与柱之间"漏"了进来，形色相融，达到了"节奏秩序"的色彩效果。建筑物的最右角，作者设置了一盏紫色灯光，使冷灰调中柔进入了一丝暖色，可以呼应建筑的其它暖色调。(图9.2.2–4)

〔建筑效果图05〕

红、黄、蓝三色是艺术家一直钟情的色彩，从蒙得里安的三色构图到现代的建筑色彩表现有着千丝万缕的联系，牵系他们的正是色彩的情感表达，一种进取，一种冲动，一种激情。背景的蓝紫色天空实际上是自然界中难得见到的，不做成天蓝色的天空，是为了让屋顶的青色与天空的颜色拉开距离，更好衬托凌空而起的青色"翅膀"。广阔的绿地、池水，烘托了建筑主体现代的造型，使之更加气势恢宏。(图9.2.2–5)

〔建筑效果图06〕

下沉式广场在设计上要求现代、休闲、绿色化的环境，并充满人文关怀。在设计的表达手法上，这幅图将室内环境和室外环境的造型语言良好地结合起来，既有室内造型在室外的延续，也有室外造型语言对它的深化和印衬。画面的主要材质是暖灰色的地砖、花岗石等，它在画面起到主导作用。左上角建筑物红色框架与右下部红色休息椅的颜色在画面中形成对角线分布，使色彩取得平衡。蓝色人工小溪水面与大面积蓝色天空遥相呼应，打破了大面积地面的死板，使整个画面的色彩上下相互贯通，左右逢源。(图9.2.2–6)

〔建筑效果图07〕

深圳罗湖体育馆方案设计．夜幕下的建筑物像披上了一层蓝色的外衣，体育馆内射出的黄色灯光，与这蓝色外衣和屋顶上两块半圆形的红紫色，构成了120～180度的对比色至互补色的对比关系，由于双方的色彩明度悬殊较大，没有造成对比色至互补色的色相差异的过度刺激，强烈的色相中蕴含着调和。(图9.2.2–7)

〔建筑效果图08〕

来自深圳的青年建筑师以她独特的设计思维，给我们展现了21世纪未来学校——"交织校园"的理想蓝图。在她的空间里错综交织着无数新型的空间管道，正是这种连接彼此的空间形态，构架起一座连接古今、通向未来的知识桥梁。作者大胆运用了自然界不可能存在的红色大地和鲜艳的浅蓝绿色管道的组合，营造出一种超越时空的色彩感受。(图9.2.2–8)

9.2.2–1 建筑效果图01，北京水晶石电脑图像开发有限责任公司，北京：北京腾图电子出版社，1999

9.2.2–2 建筑效果图02，作者佚名

9.2.2–3 建筑效果图03，作品提供：阎邱杰

9.2.2–4 建筑效果图04，北京水晶石电脑图像开发有限责任公司，北京：北京腾图电子出版社，1999

9.2.2–5 建筑效果图05，深圳市市民广场，北京水晶石电脑图像开发有限责任公司，北京：北京腾图电子出版社，1999

9.2.2–6 建筑效果图06，北京水晶石电脑图像开发有限责任公司，北京：北京腾图电子出版社，1999

9.2.2–1	9.2.2–4
9.2.2–2	9.2.2–5
9.2.2–3	9.2.2–6

9.2.2–7　建筑效果图07．深圳罗湖体育馆方案设计．深圳建筑设计研究总院第三设计院 深圳中青年建筑师，世界建筑导报，2001年增刊

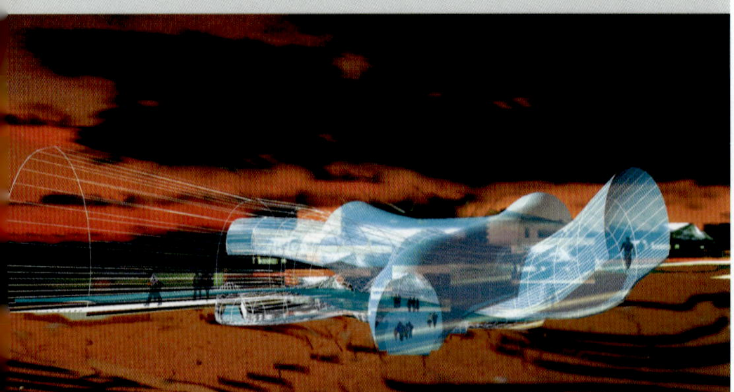

9.2.2–8　建筑效果图08．交织校园——21世纪未来学校设计，凌晓红，深圳中青年建筑师，世界建筑导报，2001年增刊

9.3　色彩应用赏析

俗话说"远看颜色近看花"，成功的色彩应用会给环境设计、建筑设计增色不少。下面列举一些较成功的色彩设计案例，让我们感受色彩带给我们的美感。

9.3.1 环境色彩赏析

9.3.1–1 地产环境设计 01．这是一幅三维地产动画的静帧，画面色彩雅致，光照感强，景色宜人．作品提供：深圳市四度空间数码科技有限公司。

9.3.1–2 地产环境设计 02．这也是一幅三维地产动画的静帧，黄、橙色为主的暖色调给画面带来了强烈的光色效果，深蓝色的池水包围在暖色之中，增强了色相对比。作品提供：深圳市四度空间数码科技有限公司。

9.3.1–3 环境设计．黄、橙色的灯光在黑色的夜幕下，显得光艳辉煌、沉着而热烈，这是因为无彩色系的黑色与高彩度灯光配合的缘故。三维动画的静帧能达到这种效果确实不易，它使人们在黑暗而深邃的空间里看到光明。作品提供：深圳市四度空间数码科技有限公司。

9.3.1–4 建筑群与环境设计．坐落在大洋洲新喀里多尼亚的Tjibaou文化中心，融合在青山绿水的环境当中。建筑群采用了带有浅黄色的原木本色，使它们跟周围的环境——绿色的树木和绿蓝色的湖水相协调；但从色彩明度上来看，高明度的建筑群与低明度的树木、湖水形成较明显的对比．从空中远眺建筑群，犹如玉盘里洒落的一串珍珠，优雅、高洁、光艳夺目。

Tjibaou文化中心，新喀里多尼亚〔大洋洲〕。皮亚诺建筑工作室，世界建筑导报，2000（02）：5

9.3.1—5 乘船从湖里仰视Tjibaou文化中心湖边的建筑，浅黄色的原木本色在夕阳的照射下成为沉着的黄橙色，它被蓝色背景和前景湖水包围，增强了它们之间的色相对比。Tjibaou文化中心，新喀里多尼亚〔大洋洲〕湖边的建筑。皮亚诺建筑工作室，世界建筑导报，2000（02）：59

9.3.1—6 建筑与环境设计．国家科学技术中心的建筑造型像一艘大船位于海边，远远望去，它似乎融合在天水一色的景色之中。"船头"采用了跟天空和海水呈类似色关系的翠绿色，而在"船尾"以相对较小的色块显现了偏向土红的中差色，而在翠绿色和土红色之间，使用了一块条状形的深绿灰色，起到了类似无彩色系灰色的隔离调和作用。荷兰阿姆斯特丹 伦佐 皮亚诺建筑工作室，世界建筑导报，2000（02）：49

9.3.1—7 建筑与环境设计．在绿色的环境里又采用近似的绿色来作为建筑的主体色，反映了设计师和谐、统一为主的设色思想，为了打破过于统一的绿色调可能出现的单调乏味，设计师采用了大块的白色和灰色，使之从色彩的明度关系上拉开了各色之间的差异，起到了"透气"的作用。

NBBJ建筑事务所，科迪亚克渔业研究中心．世界建筑导报，2001（01—02）：122

9.3.1—9 虚拟建筑．在深邃的虚拟空间里，矗立着一座具有伊斯兰风格的建筑，蓝灰色的夜空和绿色的伊斯兰大屋顶构成统一、和谐的类似色，它们在白色墙面的映衬下显得宁静、高洁。镜面的投影加强了这种神秘的氛围。

9.3.1—11 室内运动场空间的气氛渲染．绿色的、整块的草坪是室内运动场的中心，人们在场外有意安排了大红色的栏杆和凳子，配上以红、橙色为主的各种旗帜，给运动场地增添了跳跃的色彩气氛。Urban Graphics，Madison Square Press，1997

9.3.1—8 红色星球．这是一幅小外来天体撞击星球的宇宙科幻场面，星球上到处是滚烫的火焰和熔岩，画面呈红色调；只有太空中出现几朵蓝紫色的浮云，与星球形成对比色关系；从色彩的面积上看，星球所占据的大面积红色主导了画面的主色调，占据着画面的右边及右下角，而小面积的蓝紫浮云既分散又分布在画面的左上角，与红色形成了色相对比、面积对比和色块位置的平衡；左上角的整块黑色（太空）和右下角龟裂的分散黑色（被红色所分割）也形成整与零的面积对比。

9.3.1-10 人与自然．这是一幅数字合成的练习，作者把设计图纸和廊柱巧妙结合在一起，变成了一个通向另 神秘空间的门洞。作品采用极其统一的黄、橙色调，就连设计图纸的白纸在这里也倾向明显的粉橙色。作品提供：曾玉玲，指导教师田少煦

9.3.1-12 世界杯的环境设计．同样是体育场地，1994 年美国世界杯的环境设计别具一格。组委会用红色字面、橘黄色纵深面塑造了立体字 "WORLD CUP"，并把它们树立在通往足球场的大道上。立体字牌下面的立杆用黑白相间的色彩，起到衬托主体的作用；红、黄色的立体字 "WORLD CUP" 在蔚蓝色天空的衬映下，既醒目又不火气。Urban Graphics，Madison Square Press，1997

9.3.1-13 环境设计效果图，这是一幅幽雅、恬静的环境设计渲染图，一般情况下，天空总是被设计成蓝色或紫色的，作者在这里不落俗套，使用黄褐色对夜晚的天空进行了大胆的处理，增加了画面的神秘色彩，给人耳目一新之感，收到意想不到的色彩效果。作品提供：柳敏之

9.3.1-14 环境设计效果图．同样是表现环境和天空的建筑环境设计，作者把背景色渲染成接近白天的天空颜色，给人以高远、空灵的色彩感受。作品提供：柳敏之

9.3.1-15 9.3.1-16 这是阎邱杰的一组 "鬼屋" 改造的毕业设计作品。在色彩的处理上，他大胆摒弃了一些琐碎的颜色细节，牢牢抓住建筑、天空、大地三者的空间关系，在色彩的布局（构图）、色调和明度关系上动了很多脑筋，大大提高了原建筑的文化品位。也正是这种勤奋，使他在设计上初露头角，为他日后成为美国哈佛大学的研究生奠定了基础。作品提供：阎邱杰

9.3.2 建筑色彩赏析

9.3.2-1 建筑设计效果图．"简略" 的手法同样适用于建筑的色彩设计，对这座建筑作者只用了3种基本颜色：大红、白色和草绿，通过灯光的强弱变化，形成了红色系列、白色系列和绿色系列的丰富色调。北京水晶石电脑图像开发有限责任公司，北京：北京腾图电子出版社，1999

9.3.2-2 林中的建筑采用来自树木的色彩 —— 原木的褐色，把跟天空最亲近的瓦面借用天空的蓝色来表现，从而拉近了人与自然的距离。Jurmala 住宅，里加. GMP 建筑工作室，世界建筑导报，2000 (04-05)：19

9.3.2-7 立面电脑模型. 用单个彩色混合黑色调制的"双色调"（参见本书"5.2.4 由灰度颜色转换为双色调颜色"）来表现建筑和环境，能体现出一种高雅、脱俗的非凡境界。国际综合开发中心，东欧 零售及娱乐部分的立面电脑模型. NBBJ 建筑事务所，世界建筑导报，2001 (01-02)：51

9.3.2-3 夜幕下的博物馆泛着蓝紫色的光，与屋里透出的淡淡的黄绿色灯光形成柔和的互补色关系。贝耶勒基金会博物馆（远眺），瑞士里恩. 皮亚诺建筑工作室，世界建筑导报，2000 (02)：42

9.3.2-5 广东奥林匹克体育场 场馆鸟瞰. NBBJ建筑事务所，世界建筑导报，2001 (01-02)：117

9.3.2-4 波普建筑. 大红色的钢梁撑起粉绿色的墙面，再配上一片雪白，具有鲜明的色彩个性和时代感。〔美〕坎纳建筑师事务所，波普建筑，中国建筑工业出版社、江西科学技术出版社,1999，7

9.3.2-6 广东奥林匹克体育场 屋顶下的场馆. NBBJ 建筑事务所，世界建筑导报，2001 (01-02)：118

这是一组广东奥林匹克体育场的渲染图。从天空鸟瞰，体育馆的屋顶具有透明性，它与场馆外围的地面都采用蓝灰色调；看台上，观众席的中明度橄榄绿和体育馆中心运动场地的中绿色共同构成了绿色系列色彩；这里的绿色和蓝色在色相环上大约相隔100～120度，处于对比色和中差色之间，它们又都是偏冷的色彩，所形成的蓝绿色调容易取得协调。加上渲染图中应用了一些线状的白色和较大面积的黑色，起到了镇定和分割艳丽色彩的作用。

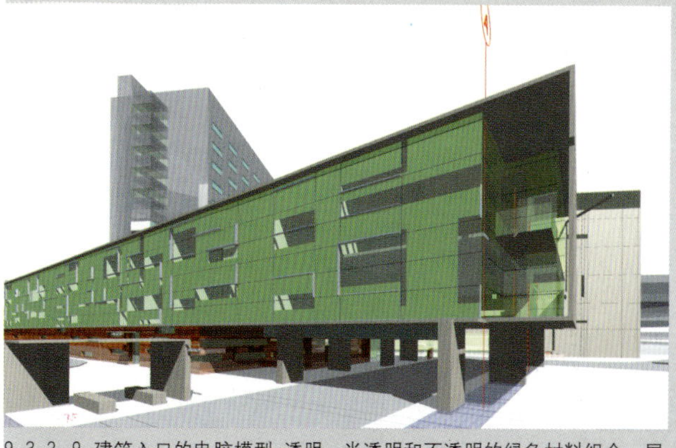

9.3.2-9 建筑入口的电脑模型 透明、半透明和不透明的绿色材料组合，展示出轻盈开放的结构形式. 基督教医院心脏动脉中心，美国辛辛那提. NBBJ 建筑事务所，世界建筑导报，2001 (01-02)：39

9.3.2-8 汉城穹顶．沉重的、色彩含量高的有彩色系的灰色跟高饱和度的纯色搭配，能提高色彩的“硬度”，强化色彩的表现力。汉城穹顶．NBBJ建筑事务所，世界建筑导报，2001 （01-02）：8

9.3.2-13 红褐色的砖墙、白色的窗框、加上黑色的屋顶，体现了建筑师朴素、简洁、明了的设计思想，这种思想一直延伸到他的室内设计。加德纳住宅外观，AI设计事务所，世界建筑导报，2001 增刊（NO.01）：封3

9.3.2-10 这是一座紫色调的玻璃屋顶建筑，蓝色的玻璃与红紫色和粉紫色构成了和谐的邻近色关系，阳光的投影洒落在墙面上，给比较机械、单调的建筑立面增加了丰富的色彩细节。拉塞尔中心，维也纳奥地利银行大厦前院，威尔海姆·霍兹鲍耶建筑师事务所，世界建筑导报，1998 （04-05）：109

9.3.2-11 9.3.2-12 鲜艳、明快的纯色调构成了明显的波普风格，也反映了设计者乐观、追求美好的健康心态。这一组波普建筑带给人们舒心、快乐的感受。〔美〕坎纳建筑师事务所，波普建筑，中国建筑工业出版社、江西科学技术出版社，1999

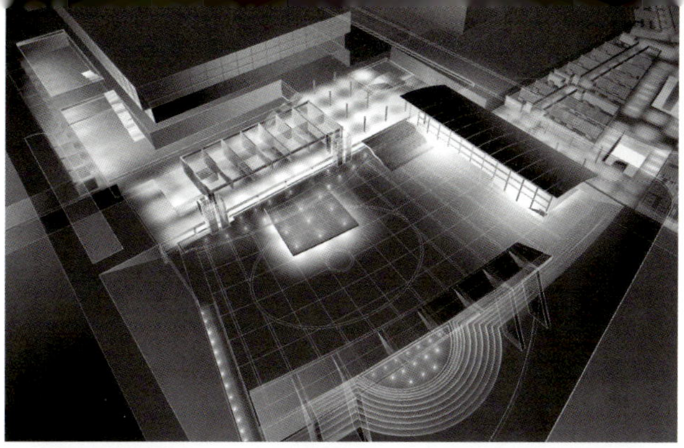

9.3.2–14 9.3.2–15 黑白效果图。当色彩运用达到极限时，你会觉得没有什么色彩能比无彩色系的灰度颜色更能表达你的设计思想。吴教授的这两幅黑白效果图，是他和他领导的课题组为深圳市所作的深南大道改造项目中的两幅三维模型的静帧，画面灰度色彩的应用已具相当高的水平，达到了"没有色彩，胜似色彩"的审美意境。作品提供：吴家骅等。

9.3.2–16 酒店建筑效果图．很多表现建筑和室内设计的色彩效果图大都缺乏色彩感，容易被一片肮脏的灰色所笼罩。这幅建筑效果图色调统一、色彩饱满，冷暖配置得当，明度关系处理恰到好处，从它对色彩语言的精到应用，使我们不难看出作者较强的驾驭色彩的能力。作者佚名

9.3.2–17 建筑夜景效果图．建筑物夜景的色彩往往不易表达。如果色彩太强，画面容易失真；如果色彩太弱，色彩会消失在夜晚的黑色当中。这幅夜景渲染图恰到好处地处理了这一关系，营造出一幕繁华中宁静的夜空。作品提供：柳敏之

9.3.2–18 建筑设计效果图．该建筑采用了橄榄绿色和白色的间隔搭配，与周围环境的树木和草坪取得了很好的协调；强烈的阳光照射在建筑和地上，显得干净、明了，像一幅明快、利落的水粉画。作品提供：柳敏之

9.3.2–21 党校建筑分析图．这是作者另一幅成人校园的渲染图，平涂的地面色块、反白的人物设色，构成了另一种不同寻常的色彩效果。画面的黑色应用恰当、分布合理。凌晓红，深圳中青年建筑师，世界建筑导报，2001 年增刊

9.3.2–19 9.3.2–20 这是"鬼屋"改造的建筑造型。整个建筑处理成蓝色系，在大面积深蓝色和浅蓝色当中，配置了小面积的土黄色墙面与之对应。这种色彩处理有三层意义：一、这是一组黄色与蓝色系的互补色，作者首先从色相上确立了两者的互补关系，用来强调色相上的对比作用；二、由于互补色在色相上的对比最为强烈、容易产生过分耀眼或"火气"的弊病，作者有意降低了对比的一方：黄色的饱和度，把黄色设置为土黄，也就是在纯黄色中加入了一定成分的青色（C）和品红色（M），或少量的黑色。这样一来，就大大降低了补色对比的刺激，起到对比中蕴含协调的效果；三、在大面积的蓝色系色彩中把互补色黄色的面积缩小，也起到抑制对比、趋向调和的作用。作品提供：闫邱杰

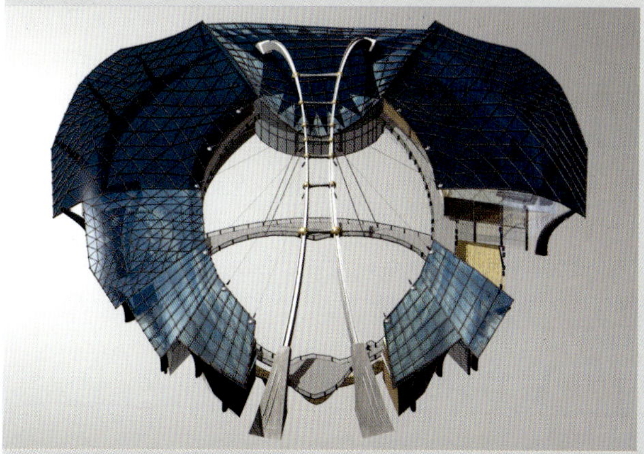

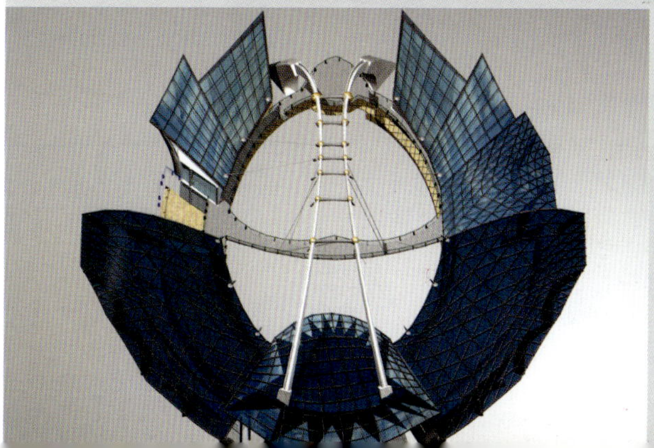

9.3.3 室内色彩赏析

9.3.3–1 舞厅室内设计．这是一个四周布有银屏的喧嚣舞厅，黑暗中的点点冷光像一束束飘荡的灵魂在游动，给场内增添了几分鬼气和阴森；穹顶上红、橙色的暖色灯和屏幕上、舞池里冷艳的蓝色光形成强烈的色相对比，营造出怪诞、恐惧的气氛，给人带来强烈的刺激。作品提供：深圳市四度空间数码科技有限公司。

9.3.3–5 卡拉OK厅．画面在较深重的黑灰色中间配以鲜艳的蓝色、绿色和黄色，起到了很好的互衬作用，显得庄重而典雅。 潘居然，跨越2000电脑效果图，中国轻工业出版社，2000

9.3.3–2 用橘黄、大红、中绿、湖蓝、群青来装扮室内的颜色，充满天真、活泼的童趣。〔美〕坎纳建筑师事务所，波普建筑，中国建筑工业出版社、江西科学技术出版社，1994

9.3.3–3 卧室．素雅、柔和的卧室色彩给人舒适温馨的家居感觉。House–1．作者佚名

9.3.3–4 客厅．窗外绿茵茵的草坪通过发射光折射到室内的白色墙壁上，给客厅带来了一丝春意．House–2．作者佚名

9.3.3–8 简洁的居室、简洁的红、黄、蓝、绿纯色块，反映了简约的设计风格。选自南海油田挂历 01．作者佚名

9.3.3–6　9.3.3–7 这是一组住宅的室内色彩应用，它沿用了这座建筑色彩的设计风格，以红褐色为主调色。橱柜、沙发、桌椅、地板、楼梯、床上用品甚至摆设的花草都围绕着主调色展开，流露出浓重、古朴、和谐的情调。加德纳住宅．AI 设计事务所专辑，世界建筑导报 2001 增刊（NO.01）：63、65

9.3.3–9 用较明亮的黄、橙色跟较浓重的绿色搭配，是较温馨的居室色彩。选自南海油田挂历 02．作者佚名

9.3.3–10 浓烈的红褐色色调能使人精神振奋，适合渲染会堂的色彩气氛。新魏玛会堂议会中心休息厅．GMP建筑工作室，世界建筑导报，2000（04–05）：45

9.3.3–11 南京太阳宫主入口过厅室内设计．过厅的地面呈黄、褐色，与透过玻璃的蓝色天空以及室内深处的群青色形成色相对比。作品提供：潘绪江

9.3.3–12 青岛麒麟酒店大堂室内设计．酒店大堂采用黄色调，配以橙红色的地面构成统一的暖色系色调；室外的景色在群青色玻璃的映照下，跟黄色系色调形成强烈的补色对比，更加烘托出室内的气氛。作品提供：潘绪江

9.3.3–21 红色窗帘、红色沙发，与床单、台布、花等类白色系列组成一曲激昂而又婉转的色彩交响曲。House_45．作者佚名

9.3.3-13 浙江电视台中庭室内设计. 这幅作品以无彩色系的灰色为基本色调, 配以少量的红色和小面积的蓝天, 起到点缀灰色的作用。作品提供：潘绪江

9.3.3-14 室内设计. 借助自然光和木质的本色, 体现出建筑师尊重自然、贴近自然的亲近。 意大利热那亚 室内, 皮亚诺事务所及工作室, 世界建筑导报, 2000, (02)：24

9.3.3-15 展示设计. 灰色在室内设计和建筑设计中有普遍的应用, 但漂亮的灰色见得很少。纠其原因, 是因为我们在"9.1.3"中提及的滥用黑色造成的"脏"的结果。这幅展示设计效果图虽然以灰色为主体色, 但它采用了一种偏黄绿的灰色, 并与红色的沙发、logo形成了较强的饱和度对比和色相对比, 沉着中又见妖娆。 作品提供：深圳名汉堂设计有限公司。

9.3.3-16 9.3.3-17 贵阳中天室内展示厅设计. 这是一个房地产开发商的室内展示厅, 作者运用中国传统的大红色为主调色, 配合淡紫、湖蓝、嫩绿、中黄等高明度、低饱和度的浅色系列为衬托, 使展示厅既有传统色彩的喜庆又具有时代气息。作品提供：深圳市活地装饰工程公司。

9.3.3-18 室内设计. 在以灰色为主的室内色彩中, 加入少量的绿色和绿黄色, 显得清新、明了。作品提供：深圳腾格尔设计公司。

9.3.3-19 Disco舞厅设计. Disco舞厅是宣泄情感的场所, 所以作者采用了红(R)、绿(G)、蓝(B)三原色的灯光作为场景的主要色彩, 气氛热烈、富有激情。作品提供：古锐

9.3.3-20 民居室内效果图. 这是一幅中国传统民居的室内效果图, 主要采用了阳光照射下的色彩明度对比, 给古老的民宅带来几分生机。作品提供：梁浩山

9.3.3-22 零星的雕塑在博物馆展厅里并不感到孤独, 因为它四周的颜色色相、明度、饱和度都安排得恰如其分、不温不火, 让它感觉到一份舒坦和悠闲。贝耶勒基金会博物馆. 瑞士里恩·伦佐·皮亚诺建筑工作室, 世界建筑导报, 2000 (02)：45

■□后　记

一转眼，3年的时光已悄然流失，这本书从动手到现在已历经1 200多个日日夜夜。在这期间，我开设过“计算机艺术色彩学”的本科课程，申请了学校和省教育厅的相关科学研究项目，发表过一系列探索性论文，在一个无前人涉猎的丛林里行走，其中的艰辛可想而知。

在本书的撰写中，我受到了《世界建筑导报》总编、深圳大学建筑与土木工程学院副院长、我国环境设计专业的学术带头人吴家骅教授的精心指导，是吴教授把我引上了环境设计的研究之路，使我终身难忘。在编纂本书的过程中，我得到了《世界建筑导报》责任编辑甘海星老师的鼎力相助，本书的大部分精美图片都选自近几年的《世界建筑导报》杂志，在此深表衷心感谢。深圳技师学院冷国军老师对我也伸出了援助之手，他帮助我完成了部分文稿和图注的撰写，并提供了有价值的图片。早在本书的策划过程中，我先后得到了深圳市的潘绪江先生、柳敏之女士等人的珍贵作品奉献，深圳市四度空间数码科技公司黄健先生、深圳市名汉堂装饰工程公司卢涛先生、深圳市腾格尔设计公司易先生、深圳市文业装饰工程公司李阳老师、深圳市活地装饰工程公司王凡、闫邱杰（现均为美国哈佛等名牌大学的研究生）以及李行、梁浩山、熊华阳等先生也把自己的作品提供给我，在此一并表示衷心感谢。本书还引用了“水晶石”出版专著中的作品，都在图注里一一标示。对少数经多人拷贝流传的优秀佚名作品的作者，也表示感谢并致以歉意。

作 者

2003 年 6 月

■□主要参考文献

1. 〔美〕约翰·卡里根.计算机图形奥秘及解答〔M〕.储留大等译、校.北京：电子工业出版社，1995
2. Donaid Hearn，M.Pauline Baker.计算机图形学〔M〕.蔡士杰等译.北京：电子工业出版社，1998
3. 刘真，实用计算机图形与动画技术〔M〕.北京：电子工业出版社，1998
4. 〔德〕H.—O.派特根，P.H.里希特.分形－美的科学〔M〕.北京：科学出版社，1994
5. 刘远航等.数字照相机选购、使用及数字图像处理指南〔M〕.杭州：浙江科学技术出版社，1999
6. 宋建明.色彩设计在法国〔M〕.上海：上海人民美术出版社，1999
7. 吴力人.现代建筑三人行〔M〕.南昌：江西科学技术出版社，1999
8. 刘长林.中国系统思维〔M〕.北京：中国社会科学出版社，1990
9. 施淑文.建筑环境色彩设计〔M〕.北京：中国建筑工业出版社，1991
10. 高履泰.建筑光环境设计〔M〕.北京：水利电力出版社，1991
11. 朱保良等.室内环境设计〔M〕.上海：同济大学出版社，1991
12. 牵手新世纪〔M〕.长春：吉林美术出版社，1999
13. 精通 Corel DRAW 8 创意设计〔M〕.北京：中国水利水电出版社，1998
14. 〔美〕坎纳建筑师事务所.波普建筑〔M〕.北京：中国建筑工业出版社、江西科学技术出版社，1999
15. 陈小青.色彩构成与设计〔M〕.广州：广东科技出版社，1996
16. 潘居然.跨越2000电脑效果图，北京：中国轻工业出版社，2000
17. Urban Graphics. Madison Square Press，1997
18. 世界建筑导报，1997～2002年
19. 北京水晶石电脑图像开发有限责任公司.北京腾图电子出版社，1999
20. 98图库.美国柯达公司制作.香港致力科技有限公司，1998
21. 专业摄影作品集. 全景视拓图片有限公司
22. Graphis.2001
23. ARCH 雅砌.1998，105
24. www.fractal.net.cn
25. 孟塞尔色谱，北京百花美术用品公司

荣誉顾问团

HONORARY ADVISORY BOARD

贝秉智 首席执行官
朗廷酒店集团
Brett Butcher
CEO
Langham Hospitality Group

徐锦祉 总经理
北京励骏酒店
Stephen Hsu
General Manager
Legendale Hotel Beijing

杨旭东 总经理
鲁能泰山度假俱乐部
Xudong Yang
General Manager
Luneng Taishan Vacation Club

梁晓京 执行董事
尊茂酒店控股有限公司
Helen Liang
Managing Director
Luxemon Hotel Holdings Co., Ltd.

和程 总经理
新华联酒店管理有限公司
Cheng He
General Manager
Macrolink Hotel Management Co., Ltd.

毛怡冰 大中华地区总裁
万豪国际集团
Yibing Mao
President, Greater China
Marriott International, Inc.

恩里克·奥尔蒂斯 欧洲、中东、非洲 & 亚太区运营副总裁
美利亚酒店集团
Enrique Ortiz
VP Operations EMEA & APAC
Meliá Hotels International

郭益升 执行董事
千禧国际酒店集团
Eiksheng Kwek
Executive Director
Millennium Hotels and Resorts Group

孟士权 美诺国际集团首席执行官
兼美诺酒店集团首席执行官
美诺酒店集团
Dillip Rajakarier
Group CEO - Minor International & CEO - Minor Hotels
Minor Hotel Group Co., Ltd.

陈伟 副总裁
明宇商旅股份有限公司
Wei Chen
Vice President
Minyoun Hospitality Corporation Ltd.

马偌杰 首席执行官
裸心集团
Manoj Mehta
CEO
Naked Group

李成勇 总裁
南京金陵酒店管理有限公司
Gavin Li
President
Nanjing Jinling Hotels & Resorts Corporation

王建平 总裁
君澜酒店
Jianping Wang
President
Narada Hotel Group

哈曼·达布拉 高级常务董事
兼中国区域经理
大仓日航酒店管理公司
Harmen Dubbelaar
Senior Managing Executive Officer & Regional GM, China
Okura Nikko Hotel Management Co., Ltd.

曹炳森 首席执行官
泛太平洋酒店集团
Choe Peng Sum
CEO
Pan Pacific Hotels Group

陈心慧 董事
百乐酒店集团
Tan Shin Hui
Executive Director
Park Hotel Group

丁阔 董事长
青岛国信会展酒店发展有限公司
David Ding
Chairman
Qingdao Conson Exhibition & Hotel Development Co.,Ltd.

祝敏 资产管理中心副总经理
兼品牌酒店管理部总经理
富力集团
Tracy Zhu
DGM of Asset Management Center & GM of Branded Hotel Management Dept.
R&F Group

Andre de Jong
东南亚及太平洋地区
高级副总裁
丽笙酒店集团
Area Senior Vice President, South East Asia & Pacific
Radisson Hotel Group

马利龙 亚太区发展副总裁
瑰丽酒店集团
Noel Merainer
Vice President – Development, Asia Pacific
Rosewood Hotel Group

杨中华 董事长
书香酒店投资管理集团
Richard Yang
Chairman
Sc-hotel Investment and Management Group

张国超 董事长
深圳格兰云天酒店管理有限公司
Guochao Zhang
Board Chairman
Shenzhen Grand Skylight Hotel Management Co., Ltd.

刘红波 总裁
世茂喜达酒店集团
Daniel Liu
CEO
Shimao Star Hotels Group

谢伟杰 副总裁
星河湾集团
Jack Xie
Vice President
Star River Group

顾昊 总经理
苏宁酒店及度假村管理有限公司
Sky Gu
General Manager
Suning Hotels & Resorts Management Co., Ltd.

Nitesh Pandey
亚太首席运营官
丽世酒店集团
COO - APAC
The LUX Collective

丁长峰 万科集团高级副总裁
万科酒店与度假事业部CEO
悦榕中国董事长
万科酒店与度假村
Charles Ding
Senior Vice President, Vanke Group
CEO, Vanke Hotels & Resorts
President, Banyan Tree China
Vanke Hotels & Resorts

宁奇峰 总裁兼董事会主席
万达酒店及度假村
Jeff Ning
President & Chairman of the Board
Wanda Hotels & Resorts Co., Ltd.

汤姆斯•塞尔克 总裁
九龙仓酒店
Thomas Salg
President
Wharf Hotels

黄俊安 亚太区总裁
温德姆酒店集团
Joon Aun Ooi
President, Asia Pacific
Wyndham Hotels & Resorts

张建军 总经理
厦门建发旅游集团股份有限公司
Jianjun Zhang
General Manager
Xiamen C&D Tourism and Hotels Inc.

李广庆 总经理
北京玉渊潭酒店管理集团有限公司
Guangqing Li
General Manager
Yuyuantan Hotel Management Group

按字母顺序排列 In Alphabetical Order

目录 CONTENTS